我这样的
寂寞，
刚刚好

Die hohe Schule der Einsamkeit

[德] 玛丽拉·萨托里欧斯/著

杜子倩/译

广西科学技术出版社

著作权合同登记号　桂图登字：20-2013-087号

Die hohe Schule der Einsamkeit

By玛丽拉·萨托里欧斯

Copyright

by Gütersloher Verlagshaus, Gütersloh, in der Verlagsgruppe Random House GmbH, München.

图书在版编目（CIP）数据

我这样的寂寞，刚刚好 /（德）玛丽拉·萨托里欧斯著；杜子倩译.—2版 —南宁：广西科学技术出版社，2017.3

ISBN 978-7-5551-0717-0

Ⅰ．①我… Ⅱ．①玛… ②杜… Ⅲ．①人生哲学-青年读物 Ⅳ．①B821-49

中国版本图书馆CIP数据核字（2016）第305621号

WO ZHEYANG DE JIMO, GANGGANG HAO
我这样的寂寞，刚刚好

作　　者：［德］玛丽拉·萨托里欧斯	译　　者：杜子倩
责任编辑：陈恒达　袁靖亚	装帧设计：嫁衣公社
责任印制：林　斌	责任校对：曾高兴　田　芳
出 版 人：卢培钊	出版发行：广西科学技术出版社
社　　址：广西南宁市东葛路66号	邮政编码：530022
电　　话：010-53202557（北京）	0771-5845660（南宁）
传　　真：010-53202554（北京）	0771-5878485（南宁）
网　　址：http://www.ygxm.cn	在线阅读：http://www.ygxm.cn
经　　销：全国各地新华书店	
印　　刷：北京尚唐印刷包装有限公司	
地　　址：北京市顺义区牛栏山镇腾仁路11号	邮政编码：101117
开　　本：880mm×1240mm　　1/32	
字　　数：80千字	印　　张：8
版　　次：2017年3月第2版	印　　次：2017年3月第1次印刷
书　　号：ISBN 978-7-5551-0717-0	
定　　价：38.00元	

版权所有　侵权必究

质量服务承诺：如发现缺页、错页、倒装等印装质量问题，可直接向本社调换。

服务电话：010-53202557　　团购电话：010-53202557

人生寂寞是一种力量，
经得住寂寞，
就能获得自由。
　　　——歌德

绕寂寞而过的人生，太累

陈立书

好事联播网《好事有氧午餐》主持人

写这篇推荐序的时间正是跨年夜，难得四天的连假，台北市过去几天像个漏水的盆地，人都向外流出，街上看起来像是农历过年时节，很空。

不瞒你说，我极度享受这样的空城。

过去当了四年的深夜电台DJ，常常应听众要求，播了无数次的寂寞情歌。常常歌词细听下来才惊觉，这个世界早就决定把"寂寞"跟"悲伤"绑在一起，当成一式两份的产品卖出。

我们常被一连串的等号制约了却不自觉。

一个人＝寂寞＝孤单＝绝望＝糟糕＝悲惨＝所有你能想到的负面形容词。

还能更惨一点吗？！

一直以来都认为自己不算是个合群的人，因为我对于一个人的生活，相当怡然自得。吃饭、看电影、旅行，甚至 *high* 翻小巨蛋的演唱会，一个人去做那有什么问题。

享受一个人的生活，不代表我拒绝其他人的加入，我仍然欢迎一切新奇有趣的人、事、物继续丰富我的人生。寂寞当然会有，怎么看待而已。我接受、享受度过寂寞时刻，而非刻意绕路而行。

绕路的人生，太累！

已故作家三毛曾说过："寂寞如影，寂寞如随，旧欢如梦，不必化解，已成共生。"当寂寞早就是生活的一部分时，刻意地别头不看，也未免太不自然，会得内伤。

与其如此，倒不如像作者玛丽拉·萨托里欧斯（Mariela Sartorius）所言，将寂寞视为一种迷人的挑战。既然是种挑战，就得想办法面对它，因为寂寞本身真实存在，从没消失过。

著名的香港填词家林夕说："一个人的好处，在歌词中都快给写到烂了！"这真是一针见血的评论。但我们也没因此听过谁，从流行歌词中得到教训，从此顿悟明白，寂寞并非传染病，不需要怕成这样。

反之，仔细观察一下，KTV排行榜中的前五十名，近三分之二仍是那些寂寞到死的情歌，并且不断增加。

一个人在寂寞时，我们常会说些无意义的虚词，以为这样就算帮了谁的忙。例如"你很棒的""加油喔""没关系，不要想太多""她或他，马上就会出现"等诸如此类听来都像风吹一般，吹完就散的安慰。

与其受鱼，不如学会钓鱼。我觉得这本书虽是散文，更是本实用的工具书。它让你知道如何与寂寞相处，听见寂寞的美好并且享受它。

我们大都觉得寂寞很吵，但仔细想想，吵的是寂寞本身，还是我们自己不安的心？胡乱嫁祸给寂寞，那它实在太无辜了。

生命是一场独奏

刘思伽

北京新闻广播《大城小事》《伽叙伽议》主持人

春天的下午。暖风摇着树枝，沙沙的声响细浪般席卷耳畔。独面"寂寞"的命题，我时时走神。换做是你，此刻，会作何感想？

像干涸的河床怀念鱼儿？还是什么也不想，只是侧耳倾听啁啾鸟鸣，深嗅染着花香的空气，自在地享受这宁静时刻？如果你们也选择了后者，那么相信这本书一定会令你满意。

第一次给我留下深刻印象的寂寞是在《东京爱情故事》里。剧中，时刻挂念永尾完治的漂亮姑娘赤名莉香说：并不是没有朋友就一定会感到寂寞，只是没有"他"才会感到寂寞。当年，尚未开始一场像样恋爱的我，已然被这句台词深深打动，暗下决心在未来某天实践一下爱情中的绝望。那时，寂寞于我，是种美学的需要。好像传统糕点上的糖霜，恰如其分地装点青春，证明爱情的地道。

与寂寞有关的深刻记忆还来自应试准备。高中英文老师告诫那些常常混淆了ALONE和LONELY用法的同学。虽然词典上语焉不详，但你们记住一句话即可：*I'm alone, but I don't feel lonely.* 我一个人，但我并不孤单。哇！这本书通篇不正是对这句话的碎碎念吗：我爱独处，但我并不寂寞。

我得承认，我就是个独处爱好者。我本不愿特意宣称这一点，因为在我们东方文化里，个人是渺小的，集体才是强大的。不合群甚至是比不善良不诚实都更严重的错误，在某些时刻简直近乎一种罪行。你爱这个集体吗？你爱身边的这些人吗？如果是，那么尽可能24小时都选择和他们在一起吧，对，粘在一起，同吃同住，同进同出。

这荒诞可笑吗？我倒觉得它每天都在我们身边实实在在上演。我无心讨伐团队精神，甚至连吐槽的意思都没有。我们当然需要团队精神，但，团队精神可不等于整齐划一。能充分尊重每个个体的团队才有生命力，也才够强大。

在谈到独处的若干妙处之后，我们还必须面对这样的疑问：既然独处这么好，为什么还有很多人会不喜欢？认真想一下，或许这无关美学，有关经济。传统的中国是家族式生活，鲜有独处机会。作为世界第一人口大国，如何进行资源分配成为一个严肃的命题。当一个有着七八个孩子的大家庭仅能住进二三十平米的房子时，你怎样开口和焦虑的母亲探讨独处的价值？

但那些已有独立住宅、独立书房的人，为什么仍喜欢扎堆儿？当然，习惯的养成总滞后于环境的改变。不过，也许还有种原因就是不够爱自己。独处并非是面对墙壁和空气，它是一种和灵魂的对谈。一个人的灵魂如果都让自己如坐针毡，不忍直视，又怎能被人喜欢。

龙应台讲过这样一个故事：有一年的12月31日晚上，朋友们在我的山居相聚，饮酒谈天，11时半，大伙纷纷起立，要赶下山，因为，新年旧年交替的那一刻，必须和家里那个人相守。朋友们离去前还体贴地将酒杯碗盘洗净，然后是一阵车马启动、深巷寒犬的声音。5分钟后，一个诗人从半路上来电，电话里欲言又止，意思是说，大伙午夜前一哄而散，把我一个人留在山上，好像……他说不下去。我感念他的友情温柔，也记得自己的答复："亲爱的，难道你觉得，两个人一定比一个人不寂寞吗？"

或许，寂寞本就是个不可讨论的伪命题。好像两年前那个美好的初夏夜晚，我在佛罗伦萨撞见一场环城马拉松比赛。一个身材臃肿气喘吁吁的大哥被其他选手远远抛在后面。对，他是最后一个，跑的样子就像走路。他经过时，每条街边都有人为他鼓掌加油。但是，再多的点赞，也无人代替他跑完剩下的路程。冲向终点，这始终是他一个人的任务。你说，他寂寞吗？就像我们追问在产房里经历阵痛的母亲寂寞吗，在病床上对抗疼痛的重症患者寂寞吗，在考场上想不出答案的考生寂寞吗……而我们的人生又何尝不是如此？有欢呼和掌声的精彩人生何尝不是如此？就像我此刻面对"寂寞"的题目，敲打键盘的时候又何尝不是如此？

喜欢独处的人应该是对人生退后半步的观察家。他们因为有着更多选择的自由而常常怀着温柔的态度：我喜欢自己，我也喜欢人群，而且我确知他们就在不远的地方。有多远？一碗汤的距离吧。"一碗汤的距离"原是日本学者提出的家庭亲和理论。倡导子女的住处应该和老人的住处离得不太远，这样子女既有自己的世界，又能够方便照顾长辈，"一碗汤的距离"就是指子女从自己家中给老人的住处送去一碗汤，到达老人家里时，热汤还不会降温变凉。相对独立，又不失亲密。

当有可以谈天的人时，享受谈话。当有知心的狗时，享受沉默的陪伴。当你一个人时，张潮在《幽梦影》里告诉我们：春听鸟声，夏听蝉声，秋听虫声，冬听雪声，才不算白白辜负了这对耳朵吧。

其实生命是场独奏，每个人都是自己的首席小提琴。

和自己相处，快乐地寂寞着

"这本书谈什么？"

"谈寂寞。"

一阵惊讶的沉默。

"那岂不是悲惨极了？"

"不，正好相反。"

又是一阵惊讶的沉默。

那些写给单身或者写给爱独来独往的人的参考指南，都不够激进，总是在安慰和抗拒之间游移，并未直指问题的核心——你懂得和自己相处吗？

因此本书要谈的就是如何将寂寞当作生活的一部分。

追求美好的生活并不容易。许多事情往往会遮掩了美好生活可能带来的惊喜，例如寂寞。因为寂寞常和眼泪、忧郁及自杀等产生联想，产生了许多负面的刻板印象，这多半是不公平，需要被纠正的。

你将在这本充满争议的书中，看到一位理念坚定的独行女侠，也就是我。即便是对于寂寞不容易被人了解的那一面，我也了如指掌，因此，我清楚如何化苦恼为愉悦。

此外，对于那些饱受人群包围及压迫的独行者，我会用俏皮犀利的口吻提供你们优雅的对策。这些人有其独特的人生规划，并不积极寻求能被别人所接纳，这些人将面对寂寞视为迷人的挑战，因此，这是一本适合"一个人"看的书。

目　录

寂寞，不就是独处吗？

为什么有些人选择 放 弃，有些人耽于 忧 郁，

而有些人执拗于牛角尖中，拼命挣扎……

1

你的寂寞，

属于哪一种

寂寞，所有人其实都躲不过……

请你先有心理准备：那些一个人住的人，在走入人群时，总喜欢絮絮叨叨地谈论自己，他们会用自己的寂寞观看世界。不过，这些人极少出现在老朋友的聚会上，反而较常在自助团体中现身，或以读者来信表达自己。对他们来说，这代表多日来的孤独感结束了，只要眼前的人表现出聆听的意愿，他们便会滔滔不绝、口若悬河，完全关不住话匣子。

在我开始谈论自己的经验、逸事、访谈内容或相关佐证前，我这个理念坚定的寂寞狂爱者，想要先谈谈你——亲爱的读者，你为什么要花时间读这本书呢？

第一个可能：你认为自己很寂寞。

如果是这个原因，我要说：错了！你只是"觉得"寂寞。"认为"自己寂寞跟"觉得"自己寂寞，这之间有很大的差别。

　　举个例子，气象报告中的气温和现实生活中的感受是不同的，可能会因为风的大小或季节因素，一样的温度却让每个人有截然不同的感觉。

　　有时你认为自己寂寞，只是因为：

　　你的心情、你的顾影自怜，你对寂寞的自我解读。

　　卓越的外语能力让你听着每首热门英文歌曲时，总是会听到"*lonely*"这个词。

　　你有超强的想象力，放眼望去只看见周围的人正在愉快地聊天，亲昵地拥抱，沉浸在幸福情绪或有着令人脸红心跳的亲密动作。

　　只因为这个那个及其他千百种理由，你觉得寂寞，而不认为自己只是一个人而已。

　　你会读这本书的第二个可能是：你并不寂寞，但害怕有一天或

你常 独 来 独 往 吗？

你想成为哪一种独行者？

为什么你得 一 个 人 读这本书？

几年后（谁晓得呢），或老了以后（这比较可以确定），甚至是害怕有几小时空当可能会寂寞。只是对于未来的事，我们除了等待也没什么好说的。

有人会在彻夜等待某个人后，才发现自己一夜之间变孤单了；或是一个细心照料孩子的母亲，在孩子长大离开后，只能寂寞地在家中盼着孩子有空归来；而有些人因为战争、逃难、生病或年老生病等状况，被迫变得孤零零的。

这些人在寂寞中并没有崩溃，而是选择重新出发，放眼新的靠岸。这些人拥有无上的勇气同时又带着谦卑，有时大口深呼吸，有时又如释重负，甚至感到解放。他们也诧异自己并不因此感到不幸，而是感觉某种程度上——得到与命运握手言和的幸福，而不是怨天尤人、势不两立的对峙。

还有第三个可能：你读这本书，但你并不寂寞，却渴望寂寞。

也许你只是想多留点时间给自己，认为自己可以安然自在地待在寂寞岛屿上。在人际关系丰富复杂的生活中，如果你渴望找寻或偶尔想要拥有这种天堂般寂寞岛屿，那这本书真的挑对了。你会从书中得到鼓舞、激励，并且想要立刻付诸行动。

这是一本自己一个人看的书

不过我建议你最好偷偷读这本书，就像学生时代读课外读物一样，必要时我会准备几个"我这样经营婚姻""团结力量大"及"两个人会更好"等类似书名，让你可以应急，避人耳目。因为周围的人（另一半、孩子、父母、岳父母、公婆、同学、急诊医师、煤气抄表员……）可能会不断地问："你在看什么书，怎么看得这么津津有味？"

用别的书名来掩护的另一个原因是，如果刚好有人在路上做阅读习惯问卷调查时，你就可以大方地写下你正在阅读哪一本书了。

寂寞这个议题以各式各样的形态，涉入每个人的生活。有人期待它，有人因它而崩溃；有人提出受寂寞牵引而创造历史的伟大灵魂为证，有人则说出一个受不了寂寞而跳出窗外的邻居的故事……

这些事和寂寞到底有何关系？寂寞，不就是一种独处吗？

寂寞不需要分类

单亲妈妈下班后感到郁闷时，只要看着眼前这个需要她照顾关爱的孩子，就能带给她爱与喜悦，但即使如此，她有时仍会感到孤单，因为这个孩子还未长到能与她平视的高度，也无法和她心灵交流。

更何况之前可能还有另一个人陪在身边，最可能是孩子的爸爸，可以帮忙负担部分或一半的责任，回答孩子无止境的天真问题，把从大卖场买回的大包小包的东西搬上楼，共同承担家里与日俱增的开销。正因为这屋里曾经住着另一个人，此时这位单亲妈妈不只觉得孤单、被遗弃，更觉得寂寞。

德国诗人贝恩（Gottfried Benn，1886至1956年）曾用一句话精准表达了年长者的寂寞：<u>"寂寞来自年华老去及失落。"</u>一个偶然和我一起坐在公园板凳上聊天的老先生对我说："他们，全死了。"这种事其实没什么好说，说多了也不会更欣慰。

英国演员彼得·奥图 (*Peter O'Toole*, 1932年出生) 在一场访谈中语带嘲讽地谈论死亡，被问到如何保持健康年轻时，他答道："我保持体力的秘诀，就是跟在我朋友们的棺材后面走。"

不想打扰人、不想被打扰，于是寂寞

德国电视台每年新年前夕播放的《一个人的晚餐》(*Dinner for one*，英国近20分钟的诙谐短剧，自从1972年新年在德国电视台播出后，至今已被回放超过200次)，不只娱乐上百万观众，同时表达了独居老人年复一年又幸存一年的心情。

影片中一个年长的女士，幻想自己和四位已过世的友人共享年夜饭。每次上菜之前，他们会彼此敬酒，她忠实的仆人只好负责喝下每个"客人"的酒，当然他很快就醉了。于是整个晚餐，就随着仆人酒醉后的荒腔走板，失控到几近爆笑的场面。这其实是一部悲伤的电影，但观众在影片最后个个破涕为笑，原因或许只能解释为岁末倒数时歇斯底里的欢乐情绪了。

有时候我们也会想，为什么独居的退休者、白发苍苍的妈妈以及许多年长者，总喜欢在每天傍晚五点到六点时才去买东西？他们明明整天都没事。

有没有可能是因为他们想走入这时涌进店里的上班族人潮，寻找那一丝丝人际互动的接触和温暖？或在被人群推挤到收银台时与他人有联结、互动？

就算好动的青少年在老妇人后面催促"快点，老太太"，而她还是慢吞吞地用颤抖的手从皮夹里拿出最后一个零钱，让收银员点收。她是不是想着：至少还有人注意到自己，即使态度不是太尊重。

曾经有一段时间，我每天会去医院探视一个朋友，当时我痛心地体会到年长者和他们的寂寞。我的朋友和一个80岁的老太太同住一间病房，老太太床边的小桌子上不仅没有花束，连医院提供的电话都被她退掉了。她说："反正没人会打来，而我也不想打扰别人。"

她总是两眼无神地躺在病床上，不过当我去看朋友时，隔壁病床的她总是很高兴。"这样我就可以听到别人的声音和对话了。"

我问她："您有家人吗？"她的眼睛亮了一下，说："有啊，有啊，一个儿子、一个媳妇、两个孙子。"

"他们一定住很远吧。"我说，心里想替她找个好借口来解释为什么他们从不曾出现。"不远。"她说，"就在城的另一头。不过他们很忙，要忙孩子的事、工作，还有家事，忙不过来。"帮他们说话？自我欺骗？无可奈何？从那以后，在朋友的默许下，我会拿着椅子，坐在两张病床之间，三个人一起聊天。

原因不同，结果一样，除非……

除了年长者的寂寞，另一种感到椎心蚀骨的寂寞，就是被挚爱的另一半抛弃。这种寂寞添加了一种让痛苦加剧的情绪成分：被离弃、被背叛、被丢下、被单独留下。

明明不久前，他们还在热恋，两人同进同出、形影不离，即便不是身体上的紧密连接，至少也是心灵上的思绪相通。那时候的自己，不感到寂寞，也不觉得孤单。目光及想法总是环绕在另一个人身上，看星座分析时先看对方的，再看自己的；逛百货商店时，总是想着要帮亲爱的另一半买条领带或一件内衣。

当爱已成往事，所有的情绪及生活都被反转，他们好像被突然掌掴般地痛苦与惊慌，彻底臣服于袭来的寂寞，就如同少数因为命运或时间的安排，而逐渐认识寂寞的人一样。

唯一值得欣慰的是：<u>提出分手的人承受的痛苦不会比被甩的人少</u>，只不过提出分手的人鲜少为寂寞所苦，因为他们总能实时找到下一个对象，以防范寂寞的出现。绝大多数提分手的一方，大都有把握不会产生任何一秒钟的寂寞情况，才会决定离开。

以上我所描述的寂寞都只是典型的现象，然而寂寞形成的原因林林总总，关系到各层面的人生经历和不同的生活形态。

有一种人是我们认为不可能寂寞的人，像是大明星、政治人物、科学家及企业经理人，男女皆然。他们很少有机会单独出现，总是会被粉丝或一大群工作人员包围，但他们的内心深处经常比我们所想的要寂寞多了。感到寂寞的人，可能还有忙得焦头烂额的女秘书、异乡求学的非洲学生、在舞会上闲逛的壁花、生性害羞者、初来乍到的外地人、没有家庭牵绊的高阶经理人、想要在职场上胜过所有同事的女强人、因为穿着太过寒酸而没有玩伴的孩子，或是那些被教练认为缺乏运动细胞，不能加入球队，只好在体育课坐冷板凳的胖孩子。

这些都是伤人的寂寞，长期下来可能会造成生理上的病痛，例如女秘书的背痛、经理人的酗酒、学生的肥胖症、孩子的缄默症、职场女强人的胃溃疡……这些症状对医生而言都不是新鲜的案例，只要他们了解病患的生活状况，便能了解病症发生的原因。

类似这样的寂寞我在书中也会提到，还会为它们命名、介绍范例，我也会和你一起勇敢地探访这些寂寞地狱。

为什么我要揭开寂寞痛苦的那一面？原因主要有两个：借由分享故事，达到心理治疗作用，这可不是为了提醒大家，原来别人也有酗酒的毛病、别人家中也有老年痴呆的母亲要照顾，或也有人正受困于恼人的疾病，深受寂寞之苦；如果感觉到寂寞的痛苦，只有勇敢面对现实和残忍的情况，才能控制它并扭转形势。

这些都需要勇气，但不是人人都能鼓起勇气，有些人宁可放弃，有些人耽于忧郁，而有些人执拗于钻牛角尖，拼命挣扎。

职场英雄，与世界失联

　　我先举几个寂寞英雄为例，这里所说的英雄，并不是指那些独自登上世界最高峰、单独驾着帆船征服海洋或跨越大陆冰原的探险家，而是指地位高人一等的职场经理人。

　　有愈来愈多的高阶经理人一旦失去家庭后，就变得沉默、胆怯或是失去爱的能力。以往他们习惯在家庭里索取一切，但现在家庭夺走了他们的一切。

　　我先来谈谈华特和他几个难兄难弟的故事：华特是一家大企业的高阶经理人，他的太太在和他结婚28年后，选择和他离婚。

　　"现在，我就像生活在都市里的隐士，跟不上社会的脚步。老实说，我也不知道该跟谁说话、聊什么内容。现在的女人到底要什么？玫瑰花、香水还是飞机票？我这样做是不是可笑到了极点？"

　　这些向来野心勃勃的灰狼究竟发生了什么事？几年前还英勇善

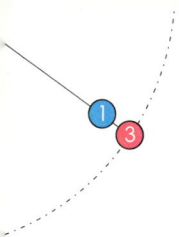

抛下白天在公司里 呼 风 唤 雨 的权力，

现代寂寞的领导灰狼

只能

孤 单 地 拖 着 脚 步

躲回公寓里。

战、饥肠辘辘地奔驰在野地上寻觅猎物，嘴角上不经意扬起得意的笑容，脑中则是不时出现美国前国务卿基辛格自我满足的名言："权力是最好的春药。"然而现在这些灰狼是掉入陷阱里了，还是濒临饿死边缘？

都不是。他们只是放弃了追猎、好奇和探索。厌倦了？跑累了？心灵受伤？还是他们已经忘记该怎么在猎场上活动？

这些单身或是重回单身的高阶经理人，过去总以金卡或黑卡吸引别人的目光、和诺贝尔奖得主称兄道弟，现在他们逐渐变得迟钝、不适应社会，这是因为他们不愿意改变，还是对于改变无能为力？

医界和心理学家还发现，男性高阶经理人普遍出现的一种现象——身心俱疲综合征 *Burnout Syndrome*，因工作感到精疲力竭，对任何事兴趣缺乏或急躁易怒）。但如果你想要借由这个症状来嘲笑他们，是找不到对象的，因为有这种症状的男性主管光从他们的外表根本看不出来，也很难发现他们正受困于痛苦中。

"事业成功的男性总是习惯独来独往，接下来他们会害怕与人接触，慢慢地就会开始孤立自己，甚至与世隔绝。"一位主要病患均为企业高阶主管的心理分析师这样透露。

当家里有老婆和小孩时，家庭的社交活动会淡化他们沟通能力不足的现象。但是当孩子长大离家，如果此时又面临婚姻破裂，这类男性才会痛苦地意识到自己在生活上的无能。原来，一直以来在背后支持他们的另一半，帮他们扮演了社交活动的润滑功能。当少了另一半，这些男人对人际关系的进退应对根本招架不住。

"亲爱的，我今天要带同事回家吃晚饭。"这句话早就不符合现今实际的社会，而只会出现在好莱坞的旧电影中。但是看到类似电影桥段时，就会让人想起负责社交联系的多半是妻子。所以，位居商界或科学界顶尖地位的高薪男人们突然惊觉，自己已经逐渐忘掉如何在公司之外的世界生活。

抛下白天在公司里呼风唤雨的权力，现代寂寞的领导灰狼只能孤单地拖着脚步躲回公寓里。华特带着固执的骄傲说："离婚后，我就搬离原本的房子。我新租的小公寓小到容不下访客，这样也不需要再找女主人了。"

他下班后的生活枯燥到了极点。"我会一边手洗昂贵的丝质短袜，一边听着乔·库克 (*Joe Cocker*，英国蓝调摇滚大师) 的老歌。之后意兴阑珊地看着煽情影片放松心情，天快亮时才爬上孤单的床。喝完的那一两瓶香槟酒瓶，不用急着收拾。门铃响了，我也不会响应，而电话录音机早已设定为拒接来电模式。"

为什么这类例子让人感觉如此悲哀？正是因为男人的权力与颓废，呼风唤雨的影响力和寂寞感之间，产生的骇人差异所形成的巨大对比。

其实，中年男性和寂寞的关系绝非新鲜话题，我们可以轻易地想象他迅速沉入有如浪潮般的寂寞中。或许他会比已婚的男性友人早死个几年，跟女性相较，寿命甚至更短了一点。

顾盼自雄，藏着寂寞

大多数退休男性会寻求人际的慰藉，例如在公园席地下棋、看病时在候诊室闲聊。可是事业成功的"渐老"单身者却缩回家，这种精英隐士的逃避行为美其名曰"重视个人享乐"。而在回答所有他认为具威胁性的尖锐问题时，可以听出他费尽唇舌地解释"我对自己的要求比较高"。

为什么这些职场顶尖人士的寂寞总比其他人来得悲惨？为什么在办公室愈能干，生活自理能力就愈差？

一个知名企业顾问对这些人在人际关系上的退化丝毫不感讶异，他认为："在这个全球高度竞争、在职场上拼得你死我活的状况下，经理人承受着前所未有的压力，而我们尚未有克服这种状况的工具。现

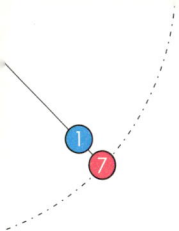

今的经理人根本无法主宰自己的时间，又如何能顾及个人情感？"

电视节目里同年龄的男人公开谈论着自己更年期的毛病、不举的私密问题，更让寂寞经理人感到不安。在这个年纪，若还是孤家寡人，可能会维持很久的单身状态，或许一辈子都得这样一个人过下去了。

华特是个要求高、不信任别人的完美主义者。"跟我约会的女人若觉得因为我有私人飞机，又能和经济部长会面，所以很了不起，我就会认为她实在太肤浅了。"即使是和她们来一场短暂的冒险约会，都会让生理方面开始退化的男人退缩。可是和他们年龄及教育程度相仿的女性，绝不会和"一个快要得自闭症的神经质家伙浪费时间"。这是一个48岁的柏林女律师大笑着告诉我的。

"这些总是优雅现身的人，你可以从他们大衣袖口脱线的程度上，看出他们慢慢变邋遢了。"一个心脏科医生的女助理透露，"只要和公事无关，就算和他们个人有关，他们也不在乎了。"

然后有一天，这些男人会注意到自己和这个世界愈来愈疏离了。于是他们决定找人谈谈这个问题，但另一方面，他们最怕的又是自我表白。一个女企业家就说："谈论自己的情绪，总被视为示弱的表现，这也是男性高阶经理人保持缄默的原因之一。"

一直要等到他们的恐惧到达极限、自我欺骗开始破裂、对生命及爱情不自觉的渴望渐渐浮现时，寂寞的男人才会主动求援。医生和治疗师对于这类案例太有经验了，而且常常是和死亡有关的不好经验。

"有人评估一切后选择自杀，并非出于精神上的痛苦，而是深度考虑后的结果：'我还能得到什么？我已经抵达巅峰了，再也没有什么我能追求的东西。'某些人速战速决，多数人则以毒品和酒精进行慢性自杀。"一家大型医院的主治医生这么说。那些自信十足的绅士、企业家，这些以能力装饰权力、活力，夹杂着一丝忧伤，因智慧、经验丰富而迷人的年长男子，都到哪里去了？一个82岁的退休银行家说："也许女人能够拯救我们。"

如果寂寞的高成就人士能更坦然，甚至开心地看待独处，而不是就这样绝望放弃，谁晓得最后结果会是如何呢？说不定又有机会认识新的对象，重新唤醒自己。

人一切的不幸，都源自不能安于独处，所以会有赌博、奢侈的嗜好、挥霍、嗜酒、母亲对孩子强烈的占有欲、总是不停地找人闲聊、嫉妒，于是人便忘了信仰及自己的人生目标。

——十七世纪法国作家

拉布吕耶尔

Jean de La Bruyere

我看着修女　陷入一阵疾风中，

黑色的裙摆水平扬起，

在她背后　飘　荡　着。

有那么短暂的时间，

我以为自己看到一个　放　纵　大　胆　的女子，

迷人　至极……

2

我 这样的 寂寞，
刚刚好

为温存后的独处，庆祝

我就站在街道旁的紧急救助电话亭边，从身边急驶而过的人，一定会以为我疯了——一个因车子故障而抓狂的女人。不过，我站在那里，对着自己微笑，小声欢呼着将手臂伸向天空。这是在传统歌剧及乡村舞台剧中，表示快乐或胜利的一个手势。

这有什么好值得庆祝的？在全奥地利最偏僻的角落，我那辆古董车的排气管就这样掉下来，此时我只能打电话，找道路救援帮忙。幸好技术人员承诺二十分钟内赶到，还亲切地问我，是否需要他帮忙打电话通知任何人，告知我会晚点到。

我考虑了两秒钟。我家里没有哭着要找母亲的小孩，已过世的父母不会再为我担心，更没有伴侣会起疑心，那些最亲近的朋友早已习惯我偶尔的人间蒸发。我独自一人，人们把这称为寂寞。我说："谢谢，不用了。您不需要通知任何人，没有人在等我。"

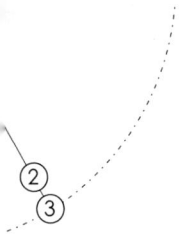

对话就这么结束了。我被一种浓厚的喜悦所笼罩，所以不由自主地将手臂伸向天空。向来不怎么虔诚的我，此刻竟感到有必要为这当下的自由和平静心灵，向某人致谢。至少，我还有神、有自己，当然还有道路救援的人员！

微笑着期待下次的约会

我和一个住在郊区的男人已交往几年，我们习惯每个周末约会，在他家里或是我城里的住处。即使在刚开始热恋的三个星期，每个星期天晚上彼此要道别时，我也不会觉得特别难舍。在返回慕尼黑的路上，或关上家门后在阳台和他挥手道别时，我会深吸一口气：终于又是自己一个人了。

恋爱、享受依偎、幸福的渴望，和他相聚的那几小时的温暖，有

我 学 会

安 静 聆 听

。 。 。 。

朝我涌来的现实并对它表示赞同，

这就是我和自我共处协调的时刻。

如一件轻盈的大衣包围着我，我微笑着，期待下次的约会。

而现在，我一个人，就是检视、沉淀、清理（厨房、浴室、思绪或回忆）的时间。共处的美好时光延续为美梦，狂野的夜晚成为平和的回忆。比起那已消逝的过去，此刻的回音听来更为和谐。面对另一半时的全心付出，此刻被坦然自在所取代，独处时无需任何的体谅及和解。

我很快地从默想转为沉思，这是在有意识的寂寞下最舒适的活动之一。几年前，我曾读过一首日本俳句，那利落简洁的内容让我记忆犹新，也是真实生活的写照。

恋爱中的男人今天启程回家，

女人微笑地望着他。天空下着雪。

对于两个需要且想要独处的人的心境，没有比这更美的描述了。

和朋友说谢谢，一个人过生日

　　我最近两次逢十的生日都是自己一个人过的。在此之前，我曾拼命抵抗朋友的说服，不管新旧玩伴们都对我施压：一定得庆祝，要有点创意！要出游、诗歌朗诵，或是租古堡、玩赛车。

　　对我而言，生命中又一个十年的开始，是值得深思的。零之后的新数字将带来什么？即将来临的十年，会改变什么？你生命中的最初十年又是如何度过的？

　　我该如何追忆自己的过往？思考未来？我的父母为我年年到来的生日感到开心的同时，我却必须在伊萨尔河（Isar，流经慕尼黑市区的一条河）的急流上，和吵闹的众人畅饮着啤酒度过，或是尴尬地听着相同的祝贺及生日快乐歌？

　　这两次过生日，我想要一个逃离世界的机会（我没有想要自杀），所以我决定远离地面、待在天空，订了一张前往美国的日间航班机票。我一点也不在意在纽芬兰的上空，自个儿拿着气泡葡萄酒庆祝自己诞生的那一刻。

　　十年后，我身边有了新情人，但老友及玩伴们一样建议不少新意的庆祝方法，不过我秘密计划在一个对我而言全世界最美的地方——巴伐利亚一座岛屿的修道院，一个人庆生。

生日、修道院及我的笔记

在晚祷及简单的晚餐后，我望向修道院，只有几盏修女房间的灯仍亮着，我在舒适的客房写下几段笔记：

修道院小门传来的敲门声，让我联想起一部以中世纪欧洲为场景的电影，里面有被追杀者、宝藏、受压迫的妓女、归乡的军人、孤儿、乞丐、无助的母亲、麻风病患、挨饿的人。

老修女冷冷地打量我、我的牛仔裤及背包几秒钟，然后穿着黑衣的娇小身躯便灵活地从门房走出来和我握手，我的声音因兴奋及感动而显得过于高亢。我强忍着泪水，让自己多一点时间，平复情绪。修女懂得，所以假装没看到。

我住在阁楼的房间里，直达阁楼的陡峭楼梯，寂静中闻起来有家具亮光漆的味道。在这座巨大的建筑内，有几个房间是给修女住的？她们加起来不过才 12 个人。难不成这里还有提供跳舞的大厅、撞球间或健身房？还是酒窖？别瞎想了！

我的房间非常舒适，有老祖母的气味。屋顶倾斜处的天窗、老旧的家具、小小的书桌、小巧的展示柜、床头柜上的黑塞诗集、一瓶矿泉水、一本放在不显眼处的《圣经》、窄床尽头处的十字架、一个插着水仙花的花瓶。墙上的几幅粉彩风景画以及几幅老旧刺绣，都整整齐齐地挂好，没有一样东西是倾斜的。

这里有一群年迈但不服老、有自信的修女。其中一个坐着轮椅、身躯又老又小，如果你从轮椅后方看，可能会以为这是空轮椅，其他的修女总是健步如飞。昨天，在修道院的花园里，一个修女从我身旁跑过，好像急着要去阻挡一群乱跑的牲畜，其实她只是要把一罐自制的果酱，塞给正要开车离去的邮差。

修道院内总是平静无风，即使有暴风雨时亦然；就算有雾，也总是阳光普照。蜿蜒的短路旁尽是低矮的花坛，有一座可以长时间保暖的石制长椅。还有一块大理石墓碑，被嵌入围着修道院而建的护墙里，上面的刻字已无法辨识。观光客从大门铁栏外望着我，各自编着他们的故事。

在围墙外，感觉上总是刮着强风，而唯一的出入口是西侧的艺术铸铁门。狂风可以从这里侵入，扰乱里面的圣洁。疾风就这样混入受保护的修道院内部，却在它吹过几片花坛，逐渐失去力道后，融入这片强烈的宁静中。

风能带来各种东西。有可能是一场印度火葬的烟雾、里约热内卢贫民区里垃圾堆的残余臭气、卷烟草时的烟草味，或是来自宇宙的不明物体，也有可能是河岸边传来的马铃薯浓汤的蒸气。

今天，我看到一个修女陷入一阵疾风中，黑色的裙摆水平扬起，在她背后飘荡着。有那么短暂的时间，我以为自己看到一个放纵大胆的女子，迷人至极。摄影棚里的任何一台风扇，都达不到我眼中的效果。

修女们并不强迫我去祷告，但我参加过一回"日课"。修女们进行一种对我而言相当陌生的舞蹈：站起、坐下、鞠躬、十字圣号，然后唱歌。声音响亮到我差点以为自己在上一堂女生班的音乐课。

她们弓着腰、驼着背，小小的黑色身躯有如老乌鸦。几个年龄极大的修女，已经无法依鞠躬的规矩把腰弯得更低，她们的身体已固定成一种无法再挺直的姿势。在上帝和漫长的人生面前，她们一直弯着腰，即使她们依然能像巴黎圣母院的钟楼怪人般，快速地跑过寂静的中庭。

最老的修女，也就是坐轮椅的那位，在她的轮椅上坐着不动，佝偻着身子，胸部凹陷，仿佛已不在人世。每次的鞠躬仪式她总像使出最后的力气，将自己那小小的上半身往前推进一点。这是一种刻画在脑中数十年的责任？习惯？精神战胜肉体的表现？还是一种信仰的力量？

有一天晚上，我沿着小岛的岸边走。最后一个游客已离去，我就像身处卡布里岛般，一切归为安静和空旷。

今天早上，在前往早餐室的路上，我才想起今天是我的生日。不过这完全不重要。吃着果酱面包、喝着薄荷茶时，我又对这天感到开心，并打算静静地耗上大把时间，回顾过去几十年。

我细想着自己曾亏待过谁，很高兴到目前为止，一切事情都很圆满。想起以前生日时，我都做了什么：在幼儿园时玩"耶路撒冷之旅"（译按：德国幼童玩的游戏，类似大风吹）和"敲锅子"（译按：将许多糖果及礼物放入一只锅子后倒扣，再用布蒙住一个小孩的眼睛并让他原地转圈，另一个孩子敲打锅子指示方向，被蒙住眼睛的孩子拿着汤匙，在地上爬，四处敲打，依据其他孩子叫"冷"或"热"来判断是否接近锅子。如果他打到锅子，就可以得到锅子里的礼物）。

也曾在房里气恼地哭着，因为我喜欢的一个男孩和一个妖艳的金发女孩共舞；再几年，我曾和一群朋友，开着崭新的敞篷车在市区呼啸而过，轻狂地度过生日；接着变为人妻，这时多半以女主人而非寿星的身份过生日。

最后一次和爸妈一起过生日时，我依然对着数十年来他们总在礼物桌上放着米老鼠画册的老梗，发出惊喜（应该说惊愕）的叫声。接下来我的生日开始有一些友人缺席，因为他们过世了。至于上回是前面提到的前往纽约的生日飞行，还有现在：在这里。我很快乐并且心怀感激，感谢能够独处。

我在小岛上过生日的那天晚上，很冷，很美，很祥和。湖面荡起微微柔波，一层一层拍向岸边。我在水边驻足良久，仿佛灵魂随着波浪的律动而摇摆。我在这里站了多久？我有点失去时间感了，是昨天？今天？早上或下午？第一批星星已经出现，几个修女的房间已亮起了灯光。

在这个值得纪念的日子，我还有最后一个问题：我该到哪里丢掉白天喝完的修道院烈酒（译按：一种烈酒的品牌）空瓶？

我房间里的字纸篓？这不符合修道院的风格！所以晚上散步时，我带着它，准备扔进一个公共垃圾桶。不过，这些事情从修道院里都能看得一清二楚，而且当玻璃瓶子碰撞到垃圾桶的金属底部时，更会大大扰乱夜晚的宁静。我只好又把放在外套口袋里的世俗证据携回修道院，等回到慕尼黑时再丢弃。

我伟大、寂寞、美好的一日就这么结束了。

欢聚之后，还有属于自己的快乐等着我

为什么我如此享受我所描述的寂寞时刻？为什么一切的感受和从中产生的观点，都能作为自己的礼物？又是什么时候我改掉紧抓着他人的习惯？什么时候我不再认为"对他人疯狂且迫切的需求"是一种必要？

我想，就在初尝寂寞的滋味时。我尝试了一两次，这个新的体验一开始说不上好或坏，但是有趣。

回想起来，我必须承认自己喜欢独处。从小，我就被教导要学着独立，虽然父母的教育开放，家庭气氛和乐，和孤僻、独来独往的形象相去甚远。不过，正因为家庭教育的影响，我得以成为一个不孤僻的独行者。

随着时间推移，我转变成信念坚强的独行者，而这和拥有一段持久的婚姻、愉快的社交生活，及愉悦爱人的能力并不冲突。

彻底沉迷于独处的自由与平静

在我的婚姻结束前，我曾在一个遗世独立的山野农庄中隐居，那里就如同奥地利提洛尔（*Tirol*）般的人间仙境，只有我自己和一只狗。

那是我人生中最重要的一年，至少一开始是如此，当然也是相当

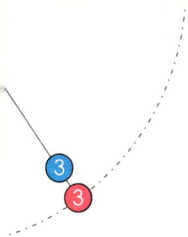

悲伤的一年。在这之前我未曾独自生活，我办得到吗？为了展开精神上的自我追寻，我坚持过完一年四季的隐居新生活。

隐居，其实需要许多的纪律，我肩负双重，同时也是唯一的责任：安置好住房、农舍、狗和我。

我戒了酒，连一口都不喝；也戒除有时偷闲一天、请上帝帮忙的习惯。因为那里没人会安慰我或让我感动，所以我不再哭泣，也没有任何事情需要隐瞒，每当我开着吉普车下山采买时，就会直接宣布："以后请'只'给我一块肉排，现在我一个人住。"

我学会徒手捉蜘蛛，像加拿大守林人般生火，独自将车子从雪堆中推出。还有一次，小狗生病了，但我被雪困住，出不了门，兽医在电话中传授我一些要领后，我只能自己操刀，为狗动手术。

我学会自信和信任，了解宁静和心灵的和平。我学会安静聆听朝我涌来的现实并对它表示赞同，这就是我和自我共处协调的时刻。

有时和朋友相处也会有同样的体会，如果你停止说话、视线越过一张没人坐的桌子审视自己，你会因为这轻柔的协调而对自己微笑。这种快乐的时刻通常不会持续太久，但你了解，那个当下将是未来美好时光的支柱。现实就是这样一个伙伴，如果你坦然而专注地注视它，它会对你回以微笑。

当我知道，在和另一半相处及和朋友相聚，感受彼此、分享人生之后，还有属于自己的快乐在等着我时，和别人交流的兴致就会愈来愈浓厚，因为我知道，很快地，我又可以彻底沉迷于独处的自由与平静。

练习：我的安德希斯禁闭室

马克斯·普朗克协会（*Max-Planck-Gesellschaft zur Förderung der Wissenschaften e.V.*，简称*MPG*）曾进行过一项著名的实验，将447名志愿者分别安置在"安德希斯禁闭室"（*Andechser Bunker*，译按：安德希斯是德国巴伐利亚州的一个市镇，位于慕尼黑附近）长达四周。目标是研究生理时钟。这个实验发现了许多有用的知识，但我却注意到一个相当不起眼的研究结果。

这些志愿实验者生活的地下室房间布置得舒适惬意，虽然没有阳光、时钟、收音机、电视，也不能和外界、其他的志愿者和实验研究员有所接触。他们的三餐被放置在门上的盒子里，可以吃东西、工作、睡觉、阅读、唱歌、挖鼻孔、随自己高兴爱做什么就做什么，做多久都行，或是什么也不做，没有期限压迫，没有朋友等候，没有家人要求"多留点时间给家人"，也没有另一半问你"在哪里待了那么久"。

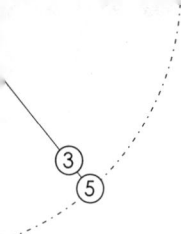

　　全然的孤立，由"无时间感"和"寂寞"主导一切。然后研究人员发现了令人惊讶的意外结果：在缺乏时间感的空间里生活，彻底解除了这些志愿者的生活压力。

　　他们觉得一天比一天舒服，没有人觉得无聊，没有人变得忧郁沮丧，每个人都变得容光焕发，他们发现一种前所未有的内在宁静。而心理学家也同样讶异于这个结果，因为其中一些实验者根本不愿再回到原来的生活，之后的追踪研究显示：他们对于宁静和专注的渴求，非常强烈。

　　我总是尽可能造访属于自己的"安德希斯禁闭室"，不过我的禁闭室看起来一点都不像禁闭室，那是一间古老的山上小木屋，不断给我力量的源泉。虽然，要近两个小时的车程才能到，有时还是会临时起意待上一个下午或一晚，夜里或隔天再回到城里。

单单只在寂寞山丘待上几个小时，就足够让我撑上一周。它滋润我，赐给我力量，让我有好心情及保持工作的狂热。同时让我有尽快上山的新渴望，这是一种思慕远方和思乡之情的混合情感。往往还没回到城里，我就开始想念我的小木屋了，仿佛在思念一个远方的情人。

独处时做什么，或者不做什么

我最喜爱的作家之一是挪威小说家克努特·哈姆生 (Knut Hamsun, 1859 至 1952 年, 1920 年诺贝尔文学奖得主。他在二次世界大战时支持纳粹，战后被挪威政府以叛国罪判刑)，这位政治错误的诺贝尔奖得主兼感性的寂寞描写者，1894 年在他的中篇小说《山林之神》(Pan) 中，描述在森林的寂静下，一个远离社会的存在。我在纸上抄下几个句子，并把纸钉在床头上方的木墙上。

晚上，当我打完猎，回到小木屋时，常有种回到家的安全感，通体舒畅，内心悸动不已……

……我点燃烟斗，在木板床上小憩，聆听森林的窸窣低语。起了一阵微风，那风从山上吹往小木屋……除此之外，万籁俱寂……饱睡三四个小时之后，我翻身跃起。对这一切，我满心欢喜。许多个夜就这么过去了……

……有时下雨，有时起风，这些都无关紧要。雨天时，一丁点的喜悦足以令人心旷神怡，他会躲开众人，独自沉浸于这份快乐中。一个人呆立直视，偶尔轻笑，环顾四周。他在思索什么？窗上澄净的玻璃，透着一道闪耀的阳光，映入眼帘的一弯细流，或许，破云而出的一抹蔚蓝。这便足矣，无需他物。

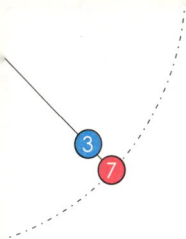

到目前为止，我只带过几个人到我的山上小木屋。他们是特定人士，我不需要（或只要稍微）跟他们说明我的想法。不过，这和一个人是否能忍耐寂寞有很大的关系。只有能忍耐寂寞，才有能力把朋友圈迅速缩减至两三人。当然，我还是喜欢也几乎都是一个人上山，因为这才是独处的真正意义。

我相当推崇一位已年届80岁的美国小说家安妮·普鲁勒（*Annie Proulx*，短篇小说《断背山》*Brokeback Mountain* 即是其作品），德国《汉堡晚报》曾有以下关于她的采访：

"您喜欢一个人住吗？"

"是啊。"

"住在这么荒郊野外的地方不怕吗？"

"我有一把枪。有些女人天生就是要独处的，我就是这种人。我到了五十几岁才知道，我喜欢有访客，但只能短时间。"

类似的问题永远不会止歇，我也曾被问到："你一个人住山上不怕吗？""孤孤单单的，一定无聊透顶吧？""你整天在山上做什么？""你一定很认真写东西！""要是我一定闷死了！"

我该说什么呢？在寂静及无聊中可以产生新想法。天生的独行者不知害怕为何物，他老早就清楚如何自处。我已好几年不在山上小木屋写作了，我会满载着灵感，计划下山，然后在家里写成每一部作品。

那我一整天在山上做什么？答案是什么也不做。

我坐在沙发上，望着山峰，喝着烈酒，吹口琴自娱。事实上我有很多事可做，我要清扫风穿过老旧阳台而吹进房间的苔藓及木屑；把在牧场草地上摘下的三朵樱草花和四朵勿忘我，放在房间的桌上，其他几百万朵，就留在山坡上交织成一块黄色及天蓝色的地毯，沿着半边山坡铺盖而下；取出晚上所需的木柴，将它们堆在石砌的炉灶旁；清理木盆内的苔藓及蜗牛，然后将粮食放入木屋前的井里，浸入冰冷的井水中。

我尽可能在白天做事，因为山上没有自来水，也没有电，不过蜡烛、煤油灯也能派上用场。而木屋墙上的野蔷薇灌木必须修剪，接骨木也要采收；草长得很快，镰刀要时时磨利；和母牛玩耍，当它们发现小木屋有人时，便会热切地朝里面走来。

这些只是我工作的一小部分。完成最紧迫的事情后，我会坐在沙发上，看着窗外，喝着烈酒，取来口琴，有时则是手风琴，为自己奏一首快乐之曲。没人听得到这首曲子。<u>在山上，孤单单的。</u>

没有报纸，没有电视，没有收音机，没有电话。我很少想到城市。我几乎忘了朋友们的名字，更忘了自己所有的烦恼。镰刀的磨刀石被我放到哪里了，可能是目前比较迫切的问题。

我带了一个望远镜上山，刚开始它不过是每个登山者背包里的一个普通装备。很快，它便成了玩具，一段时间之后，它逐渐变得不可或缺。我会用望远镜把远方山谷中的房子及里面的陌生人拉到眼前，不断观察所有人事物，这也是为什么<u>许多独行者后来都成为绝佳的观察者及倾听者</u>。在城市，若是你使用望远镜可能被当成偷窥狂或罪犯，而靠墙聆听的人，往往就像俗话所说"只会听到自己的丑事"（译

按：一句德国谚语，原文为在门后听着的人们，从来都只听到自己的丑事。英译：*people who*

listen at doors never hear any good of themselves.）。但在大自然里完全不是这样，我总是不断记录在山上的所见所闻：今天我利用望远镜追踪一只深色的猫，它在新落下的雪中谨慎地往坡上移动。它的腿陷入雪中，躯体先紧缩，然后又伸展开来，像一条大大的黑色毛毛虫般轻松蛇行。

这星期我一直观察对面山上的雪线。它的高度一直在变，之前攀升到上面，下雪之后又下降。少见的无色彩区域。

我经常在想，要勇于发现一些过去自己坚决认为不存在的东西。我会猛然拿起望远镜，不让发现的事物离开我的视线，那可能是一只让我大为兴奋的动物、一个人或一对情侣，或者是一株榛子灌木，需要好几年的时间才能长到现在这样。昨天我以为看到了一个人，他静静地站在对面山坡的柏树旁，一动也不动，就像我一样观察着山谷，或许在观察我。我拿起望远镜，才发现那是一棵树，是一个男人的两倍高。

当夜晚将至，景色迅速变暗，只有在极短时间内展现出蓝色的美，很快便转为紫色，然后是灰色。天暗下来后，在几分钟内我就冻僵了，可是星空美得令人窒息，且近得令人忘却寒冷的颤抖。

寂寞中，你会写下你所有的感觉，每当我回到城市，我会读着笔记，还是能感受到当时的情绪，或者换句话说，阅读它们就像阅读一封也许已完全破旧的情书一般，令我感到愉悦。

找到自己的天堂

在山上不只眼睛有看不完的东西，耳朵也是。它们接收许多讯息，如果身旁有人在讲话、大笑、提问、说明政治立场或解释山的名

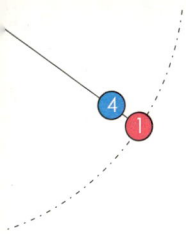

字或星座，我一定听不到自然的声音。

独自处于寂静中，多么安详！不过有时并不一定，因为在寂静中，微小的声响可能都有爆炸性的声效，一个柔和的音调可能会成为响雷。在无声和寂寞中，耳朵会以一种新的接收方式，将日常生活的声响带入大脑。例如我的老木屋像一只睡着的动物躺在那里，安静呼吸，当你仔细聆听时，仿佛可以听到它的喘息声。

在风的帮助下，寂静的山区夜晚，会被远方村落的电动脚踏车声划破；壁钟的滴答声在晚上，声响可不小，但到了早上则变得小心翼翼；炉灶中发出噼里啪啦声响后，恢复寂静，之后又有一片木柴烧得吱吱作响。

我在山上度过的第一晚（当然是一个人，否则挑战就会失败，魔法就失效了），附近森林的丛林间有只小鹿在尖叫，虽然听起来像是有人对它施暴，但其实不是什么令人担心的事。屋梁早已忘了炉火产生的温度，使得梁木膨胀的轻爆声持续不断，就这么吵了大半夜。

在间歇的短暂空当，床头旁的墙内传来蛙虫不歇息而感人的啃噬声；外头山泉从陡坡流到中空的树干，产生哗哗的水流声出奇地响亮，睡仙在这样的状态下我想也是难以成眠的。

清晨四点左右，我拖着疲惫不堪的身体，还是静悄悄地沿着木屋绕行一圈，然后放松地坐在晨曦中。近五点时从山谷往上吹的风，此时灌入屋顶下，让屋脊下的枯叶沙沙作响，第一只鸟开始啾啾叫。五点，太阳爬到山脊上。

第一个夜晚，我没有睡，但到了早晨，我知道我在这里找到了自己的天堂。

青少年的主要课题应该是学习忍受寂寞，因为它是一种快乐及闲适的源泉。

——德国哲学大师

叔本华

Arthur Schopenhauer

我不喜欢快走，
我会尽情闲逛，
或是乱闯一处陌生的地方。

我 不 需 要 目 标 ，　　也 不 需 要 路 线 。

　　　　只要　　　　脸朝前方、

　　　　　　　　竖直耳朵、

　　　　　　　　张开鼻翼、

　　　　　　　　眼观四方，

仿佛自己化身为一只　"寂寞之狼"……

3

独 处 ，
一 门 生 活 的 艺 术

寂寞就像政治立场不同的好友

要推翻多数人的看法通常吃力不讨好，刚开始挑衅多数人的看法时，会引发众人的同情，展现出对挑衅者感人、恩宠似的亲善。一旦有人问："他不会是认真的吧？"这时众人对他的不信任感就出现了。最后，对于挑衅者的不谅解和小小的愤怒就会出现："到底什么才适合他？什么事我们不能做？"许多坚持己见、自以为意志坚定，并因此引以为傲的人，常会想："这辈子休想""绝对不行""先杀了我再说""免谈"……曾经，我也属于这种人。

我说过："这辈子绝不打开垃圾桶的盖子，那味道会让我窒息！"不过，当我第一次离开家，住在学生共享公寓时，我不仅整理了自己的垃圾，我也整理了仰慕同学的垃圾桶。

年轻时我说："我绝对不穿休闲凉鞋，绝不！"但从我四十岁生日开始，我爱死舒服的休闲凉鞋（编按：类似勃肯鞋，有软木和橡胶材质的鞋底）。只有在时间不长的晚餐聚会，我才会穿高跟鞋，而且在桌子底下偷偷脱掉。

我也曾说过："买台电脑？先杀了我再说！有水平、有教养的作家都是用打字机或笔写作。"想当然尔，从几年前我就开始使用不可或缺的笔记本电脑写文章了。

只要你能说"我绝不相信自己以前会这样"，就代表你已经转换想法。只要你转换想法，就证明你的脑筋其实很灵活。只要成功将划桨转向，你就能躲过一场灾难。顽固的受困者担忧灾难的降临，却坚持己见，才会坐困孤城，浑然不知救援往往系于一念之间，在紧急时刻的明智判断，正是走出死胡同的解决之道。

所以，死脑筋、牛脾气、老古板、一成不变、食古不化、一意孤行、刚愎自用的人……请丢开这本书吧！为了消除寂寞可能产生的不愉快，转换想法绝对有必要。

你需要另一种和寂寞相处的模式

不过，我们很清楚，当不快乐者的"不快乐"突然被拿走，他会变得更不快乐，而且这样的人还不在少数。习惯也是一种乐趣，即使它是地狱。所以不要贸然尝试，不是每一个人都知道如何安排寂寞。

但是，改变观点未必会让你饱受惊吓，而换个角度有时不必大费周章。以我们的情况来说，只要对独处和寂寞换个不同的看法与角度，就代表轻松和幸福。培养新的、非传统的想法，并熟悉新的、非传统的行为模式可以是一种充实的冒险。

忍痛或说谎，是抱怨命运的寂寞者最喜欢采取的两种方式，而改变对寂寞的看法则可能成为第三种方式。改变看法是一种从现况中学习、和现实交锋、确实掌握日常生活并打破规则的能力。

这种想法的转换不需要放弃自己的理念或见风转舵。例如，我有一个童年挚友，她支持的政党和我不同，她热心参与社会活动与教堂唱诗班，烹饪功夫更是一流。因为家庭因素辞掉工作后，她开始当起忠实的妻子和操心的母亲。

如果说，有哪两个人完全相反、完全不搭界，那就是我们。可是我们已习惯一种彼此都不会难受的相处模式。她对我懒散的单身生活不以为然，我会在她谈起教会妇女团体时，躲去吃她亲手做的苹果派。

怎么办到的呢？

我们决定，要一起超越日常生活和意识形态的鸿沟彼此相爱，若是让一些芝麻小事破坏我们的友谊就太愚蠢了。

换个想法，准没错！

这是所有优秀灵魂的命运

那也许只有三四厘米长的新生儿的小小手指，实在好可爱。但是当他紧紧握住骄傲父亲伸出的食指时，力量之大，让父亲都吓了一跳。这时候，父亲可能会想，该去健身了。

这种与生俱来的抓握本能不只出现在婴幼儿身上，年长者和濒临死亡的人在抓握东西时，手指也会产生极大的力量，既动人又令人震撼。

而最令人震撼的是：我们终其一生，这种抓握的本能都未曾消失。当然，它会减退，被整合在大脑中，对象也不再是父亲和医生的手指。但是显然的，我们大多数人从最初的本能反应变成习惯。也就是，我们仍保留着抓握的动作，抓握着习惯、和朋友窝在一起。

不放手意味着安全感和表面上的被保护感。

外在环境或心境愈混乱，人愈需要老旧习性来稳住自己。最受欢迎的稳定保证就是受苦的习惯。"宁可继续痛苦，也不要改变。"心理治疗师常叹气说，"又得在一个病患身上白费力气了。"

寂寞中有多少数不尽的东西

一个感到寂寞的人，要如何坚强面对他觉得悲惨的命运？

首先，我们必须区分出来，虽然他们很想改变命运，却不想去除依附在命运上的悲伤。毕竟忧郁能让寂寞更显高贵完美，它为寂寞加入苦味的香料，一方面有助消化，另一方面让人的脸扭曲变形并彻底沉沦于自怜中。

放弃一个根深蒂固的观点，是一项艰难的工作，不管你是从爱哭鬼变成快活的独行者，从易怒者变成友善的享乐主义者，不只自己要改变，周围的人也要跟着改变才行。对已经听惯悲叹和抱怨的旁观者而言，这并不容易。就好比吊挂在幼儿床上方的旋转音乐铃，若拿走其中一个玩偶，整个音乐铃就斜掉了。

如果你突然想快乐地高唱寂寞之歌、当当独行者，你可能会因为其他人感到为难与迟疑，这时候你必须做好心理准备，对付周围的抗拒和反对声浪，他们可能会：

- 责备你没同理心

  "这就是我们每年都会邀请他来过圣诞节的亲爱老朋友吗？！"

- 从最深奥的心理学角度质疑你

  "你只是自己骗自己！"

- 不厌其烦地提醒你要有使命感

  "如果每个人的想法都跟你一样，人类很快就灭亡了！"

- 训斥你没道德

  "你的行为就是标准的自私自利！"

- 对你游说群居的好处

  "你看，我们在家人的围绕下不是很快乐吗？"

若想要文雅、有教养地反击，其实有足够的伟大人物可以拿来炫耀——除非你极具自信，根本不屑提出辩解。如果你想驳倒烦人的批评者，这里列出几段节录文字。这些有力的箴言不见得会为你赢得较大的好感，不过独行者本来就不追求迎合大众的喜好。

德国柏林大学的创办人威廉·冯·洪堡 (Wilhelm von Humboldt，哲学家、语言学家、教育家)："只有极少数的人了解，在寂寞中有多少数不尽的东西。"

德国哲学家叔本华："寂寞是所有优秀灵魂的命运。因为在寂寞中，苦恼者感觉到他全部的苦恼；伟大的灵魂感觉到他全部的伟大；简言之，每个人就是他自己。"

美国作家梭罗 (Henry David Thoreau)："我喜爱独自一人，没有比寂寞更舒适的伙伴了。"

散步，为我自己

我最爱做的事情之一就是走路，毕竟这本书谈的也是独"行"者。我实践独处已有不少年，我的朋友们都很惊讶，有时甚至有受辱感。如果我想独自游离朋友圈，他们会觉得自己被踢开了。

曾有一段时间，人们显然相当乐于独行，于是产生了浪漫时期（编按：始于18世纪的英国文学，从巴黎与德国开始发展，出现许多新的音乐形式）的绝美诗歌。被放逐的浪人，形单影只，四处漂泊，讲述着童话和传说。

流浪工匠轻声哼唱着赞美寂寞漫游男子的民谣，从《小汉斯闯世界》（Hanschen Klein，译按：歌词描述一个少年走向外面世界，闯出一片天地），我们看到一个早熟漫游者的启程。

另一个例子是《我是否要离开这城市》（Muss I den zum Statele hinaus，德国民谣），独自前往未知地冒险，在过去必定是一件充满乐趣的事。

不过，这种乐趣显然早已失去它的魅力，现在的人习惯成群结队地漫游。暴走团体在报上注销征求同行者的启事，以扩大团体规模；医生建议：慢跑者应该跑慢些，才能边跑边聊天……这些举动完全没考虑到独行者的需求。

一个人慢跑时，如果还要一边进行有益健康的对话，大概就会被当作自言自语的怪人；一大群健行者，从相同的标志、帽子和旗帜就可知道是同一俱乐部的会员，长长的行列就会出现在堵塞的登山步道和木屋厕所的门外。

有一个古老的秘诀，可以帮助你摆脱这种情况。

走入森林

为我自己

无所寻觅

只为我意

这是德国作家歌德一首名诗〔译按：诗作为《发现》（Gefunden）〕的开头，"为我自己"是一个快乐的法则。

灵光乍现的当下，都是单独一人

我每周会去几次公园，那是一个很大、没什么人的公园，自己在那里走上一小时。那里可以说是独行者专属的公园：没有单车骑士及慢跑者，几乎看不见推着娃娃车的妈妈。公园里限制狗儿必须使用狗链，禁止单车进入，连推着走都不行，所以大声喧哗的大家庭、做日光浴的人们，成堆的野餐篮、音乐表演者、热爱球类运动者和活泼的青少年都会避开这里。

大概只有不伦的情侣们在不想被另一半逮到时，才会来这里幽会，就算遇到别人他们仍会紧握着手，显示彼此的亲密关系。

这里不只属于独行者，也是悠闲客的公园，我不会遇到仓促急忙的人，也很少听见手杖的轻击声、砾石上恼人的跑步声、身手矫健者的踏步声、慌张者的急奔声和慢跑者的喘息声。这里是用来溜达、闲荡的。

在这个貌似私人公园的氛围中，如果我们碰到生面孔，这个入侵者会遭到不友善的盯视，不过我们的眼角也常混着一丝微光，然后理解对方也是"为我自己"而来到这片草地和森林天堂的同路人。

我最爱在雨天、工作天和中午去那里，感觉公园是我一人独有。有时候我会想，它是不是某个时段不开放给一般民众？我是曾经住在这片仙境里的公主吗？

我在这里得到的是王室级的享受，这种辽阔、静谧，不仅为思绪或放空提供了休憩空间。沉默、闲适的动作会带来其他东西。假如这时有人陪在我身边，这种有如催眠状态的漫步就不可能发生了。

走入森林　为我自己　无所寻觅　只为我意

有时候，我会不自觉地站在公园入口前，然后想着空白的那几小时到哪去了。我一定是在神游，白天的梦游者。然后我会继续散步，散步中我总会想到下次宴客时最理想的座位安排，和苦思多时的抱怨性措辞。

有时我会让一首挥之不去的曲子在耳边萦绕一个小时；有时我会随着步伐无声地唱一段旋律；有时则无来由地，某些回忆和影像会清晰涌来，然后我便可回家做出决定、制订计划。

想要有小小的新点子，独处是一个不赖的条件，即便只是写情书时想一个合适的称谓或道别时的问候形式。

古希腊数学家阿基米德在浴缸里发现浮力原理；英国摇滚音乐家保罗·麦卡尼（Paul McCartney，前披头士乐队成员）在睡梦中创作了Yesterday；十九世纪末德国化学家凯库勒（Friedrich August Kekule）在梦中得到启发，发现划时代的有机化学公式。

灵光乍现的当下，几乎无一例外，都是单独一人。

希望，平衡寂寞时的幽暗

我一个人的公园世界永不单调无聊。有时一片草地散发出刚被修剪过的草香味；有时阳光照在少数几个无阴影的地方，让那里所有的颜色都消失了；有时我会找到一根黄金比例的树枝；有时一只小鹿站在几米远的树林边，眼神中透露出想逃，却不动声色、谨慎地走着；有时会听到天鹅成队飞过上空时那强有力的振翅声；有时十一月的雾浓到我在最后一秒才看出，原来自己走在熟悉的岔路上；有时脚下的雪在我踏过时，发出奇怪的嚓嚓声……

而这正是我在阴郁天气、暴风雨将至或暗淡的暮光中，独自一人走过的路。这些独自走过的每一步，都会引领我更深层了解自己，但绝不会到达痛苦的深渊。

我思索着悲伤，这样它就无法带来惊吓。在路的尽头是和解的光芒，平日中惯有的奋战一瞬间失去了锐气。曾经无法承受的离别，似乎不再如此令人心碎。在这样的散步中，每一步其实都是对上一步的告别。

连续走在阴郁天气里会滋生不太愉悦的情绪，只要想着反正家里有干燥的鞋子和壁炉的火等着，这些希望很快就能平衡寂寞时伺机钻入的幽暗。

德国作家豪斯曼（Manfred Hausmann）在他的诗作《通往黑暗之路》中如此写道：

夜色即降临　　万籁俱静寂

我踽踽独行　　步上白雪道

……

鞋下雪唧唧　　我心属此路

渴求光明者　　须向黑暗行

忧烦增多时　　喜乐油然生

苦思无门入　　乍见灵光现

山穷水尽处　　赫然又一村

路绝难行步　　赫见幽径开

散步没人陪会无聊吗？一点都不

　　独自而沉默行走的人很快就会注意到，路程中满是谈话的"碎片"，因为只要两个人同行，通常只会做一件事：除了聊天还是聊天。

　　当你碰到这样一对闲聊的路人，在擦肩而过的两三秒钟里，当然只能听到一点内容片段。但从这些奇怪的细节去想象故事的全貌，对独行者而言是一个短暂的趣味游戏。故事可能是没来由的恐怖故事、一场柔性争辩的语汇、暧昧初始的迟疑、未结束的八卦，而多数的句子片段都是"他说"和"她说"。

　　若是碰到两个慢跑者，想要进行这个游戏就困难多了，想要接收他们破碎对话的时间当然更短。这时的创意任务就是编出一个前传，延续情节，不停地幻想、胡诌。你说，散步没人陪会无聊吗？我说，一点都不。

我个人不喜欢快走，我会尽情闲逛，或是乱闯一处陌生的地方。我不需要目标，也不需要路线。只要脸朝前方、竖直耳朵、张开鼻翼、眼观四方，就能进入森林深处，仿佛自己化身为一只"寂寞之狼"。

有一次，我迷路得厉害，之后对这种乱游活动，总感到有点警戒。当我进行"无路线漫游"时，我就不适合沉思，不如什么都不想。这种极端的乐趣只有在独行时才能感受，我保持警觉、仔细聆听，并且带着些许兴奋，哪个方向是西？刚刚那是什么声音？下一个转弯后会是什么？丘陵的后面是什么？

四处游荡时不能掉以轻心，尤其是在山上，这可不是轻松的健行，比较像是一种克服陌生途径的自我发现。根据地形的困难度，我必须步步为营，分秒必争。留意较近和较远的环境、地上的树根和吹往树梢的风向，保持高度警觉，但不见得需要一个陪伴者来分散注意力。

反对寂寞者最爱的论调："那就没人在你身旁，和你一起分享这些感受了。"他们所说的，当然不是"各分一半"。事实上，自愿孤独的寂寞漫游者，不只感受到所有感受，更是获得远大于两倍的感知

……现在，我坐在这座有如城堡的小花园已经长达两个

钟头，就在

最里面、最后一棵树旁。

我觉得自己 愈 来 愈 纯 净……
。 。 。 。 。

独自坐着、观看、思索、回顾及前瞻，

透着喜悦、宁静、渗透、虚弱，

一如我的理想……

强度。这些感受整体而纯净，因为你无需与人共享，也不需时时告知他人，而是每分每秒体会惊惧或快乐的原汁原味。

你可以清楚感受到，在下雨前的三四个小时，树枝会垂得较低，森林气味会更强烈。在雨中或雨后穿过森林，对独自晃荡的人是一种刺激的体验，此时的森林会因下雨而显得嘈杂，以往只有涓涓细流的小河，如今哗啦啦地沿着斜坡倾泻而下。树上的水滴，当风吹动枝丫时，听起来有如踩在砾石上的脚步声。

每种事物自有它的声响。雨后独自走过森林的人，会不由自主地不断环顾四周。不过，我建议你最好往前看，因为此时树枝会因承载雨水而变得沉重，比平常低垂，平常能安然走过的熟悉路径上，这时可能会遭湿叶子赏几记耳光。

有森林就有风，北风听起来和吹风机的风不同。如果没有人在旁聊天、没有交谈，就能在北风吹来时，停下脚步，好好将它听个清楚。即使是一座静谧的森林，只要一点点风，就会有持续的压抑声响。在疾风尚未抵达前，低垂的针叶树枝间已有风的呼啸，不断宣告自己的到来。增强，减弱，静止。然后又从头开始。

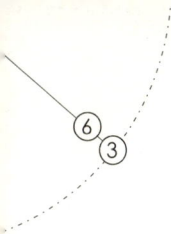

总是喜欢独自出门的德国诗人

艾辛朵夫 (Joseph von Eichendorff)，

十九世纪初在他那首著名的

《月夜》(Moonlit Night) 中

如此描写：

风行原野，

穗荡柔波，

树语呢喃，

夜静星澄。

谁此刻没有房子，就不必建造。

谁此刻孤独，就永远孤独，。。

就醒来，
读书，
写长长的信，
在林荫路上不安地
来回徘徊，
在落叶纷飞时。

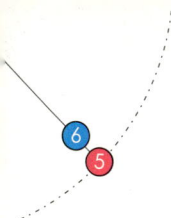

奥地利小说家及剧作家彼得·汉克 (*Peter Handke*)，认为走路是对抗忧郁的万灵丹，而这是他从亲身体验中获得的认知。

从1987年11月至1990年7月，他几乎是一个人游走世界，经常是徒步带着轻便的行囊，背包里最重的东西是书。沿途，他不断产生新的推论和决定，还有新的书。在2005年出版的游记《昨日，在途中》(*Travelling Yesterday*) 里，这个独行者描述了他的旅行和感受：

"……现在，我坐在这座有如城堡的小花园已经长达两个钟头，就在最里面、最后一棵树旁。我觉得自己愈来愈纯净……独自坐着、观看、思索、回顾及前瞻，透着喜悦、宁静、渗透、虚弱，一如我的理想……"

快乐的寂寞者懂得等待，就像你必须静静的，也许垂着手或拿着好吃的食物，除了等待，什么也不做，让害羞的小孩、胆怯的狗或惊惶的麻雀慢慢接近你。这种淡然的等候，是和世界达到和谐的一个好基础。

在独行及休息时，人会感觉欲望的消逝是一种愿望或义务，在那时人会变得较空虚、较虚弱，就如同彼得·汉克所写。一种没有任何东西能使之腐烂的纯净，为最微弱的风开启了毛孔，神经末梢已竖起，感官的接受力愈来愈强。

心对任何要求都敞开了大门。现在，世界可以进入了。世界会朝无邪、清醒且善感的独行者急奔而去，伴随着飞扬的旗帜和如雷的声响。当下和现实会带着强烈深刻的本我，冲向独行者，这会让独行者感到美好、有生气、感觉舒服。所以，寂寞的人，站起来吧！

德国诗人里尔克（Rainer Maria Rilke）有一首极受欢迎的诗《秋日》（Autumn Day）。每个寂寞的热爱者，都会将它手抄进诗本里。不过，在这首诗中出现了一个词汇，让素来崇拜里尔克的我并不认同，最后一段诗节是这样的：

谁此刻没有房子，就不必建造。

谁此刻孤独，就永远孤独，

就醒来，读书，写长长的信，

在林荫路上不安地来回徘徊，

在落叶纷飞时。

这位孤独的拥护者在使用"不安"这个词时，在想什么？他绝不是为了凑足音节数，以保持诗的韵律性。

对于诗中的描述，我有不同的看法，即使我只是一个热爱在深秋林荫间漫步的人：如果一个独行者已不需要和工匠、承建单位及盖了一半的房子生气；如果他反倒可以在家中悠闲地读书；如果他能一边喝着侯玛内-康地（Romanee-Conti）葡萄酒，一边愉快地写着长长的信，那么他绝不会有"不安"感，而是惬意万分地在林荫路上来回漫步。而在落叶纷飞时，他顶多是俯身捡一两个掉落的栗子罢了。

无聊制造伟大

　　独行者讨厌被催促、逼迫，他们有自己的节奏。他们通常慢条斯理，而这对他们而言神圣不可侵犯。他们称之为随性，看不下去的人则说是懒散。当然，独行者也晓得当那些较强势的他人，强迫自己偏离熟悉的步调时，自己要做些调整。就像要搭地铁，你得先走到地铁站；暴风雨来临前，你就得将干衣服收进衣柜里；登山时，体力最差的人决定速度；书稿的截稿日要遵守。如果情况需要，独行者也懂得调整自己的步伐。

　　独行者喜欢彻底沉浸在自己的速度里，没人会在耳边声声催促："你去哪里这么久？""现在赶快做！""今天可以完成吗？""快一点！""快好了吗？""还要很久吗？""快！快！""进度快吗？"……

　　少了那些话语，光用想的就有多惬意！独行者可以随意漫步溜达，高兴决定自己何时完成他的需求、任务或责任。也可以在窗户旁一站就是几个小时，脑袋放空，直愣愣地望着空无一人的街道，没人会将他从房间深处拉到酒吧："和我们一起来玩牌吧！"

他们可以漫无目的翻看旧相册，虽然没有设定目标，却能从这样一场怀旧之旅中获得领悟，其他的人可能得为此做上好几年的心理分析；可以尽情大方、不害臊地在浴室镜前观看自己，对老下一个明智的定义；或是整个周末抱头苦思是否要把一幅画挂到另一面墙上，而且接下来还可能根据阳光照射的高度，不断检查自己的决定是否正确，还多的是时间可以考虑呢！

你说，这是懒散？闲荡？无意义地浪费时间吗？千万别搞错了，在特定时间所谓的无意义及无目标行为，都会产生自主性及自信心，无聊制造伟大，它其实是一切创新性突破的基础。

你会知道，什么时候才"是时候"了

对于生活，我有几个极度个人的节奏：当我一个人吃饭时，我喜欢气定神闲、享受每一口食物。不过，参加聚会时我会遵守社会的规范和速度（至少对我而言），喝完我的汤，让招待的女主人能分秒不差上完五道菜的套餐，虽然下场通常是烫伤舌头和故事来不及说完。

我也不喜欢走路走得太快，如果有人在我旁边，速度走得快一点，他很快就会变成独行。之后，我们会在凉亭会合，他可能早已在那等候几小时，正喝着第四杯啤酒。每当我在我的私人庇

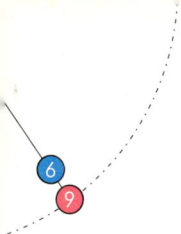

护所—— 一处山上的牧场生活时，我也是处于缓慢的脚步，凡事慢吞吞。从提水到生火煮茶，我常感觉好像过了一个世纪之久。

所以，悠闲独行者的敌人永远是紧张兮兮、随时有紧急事情要处理的瞎忙人。他们总是等不及收银员算好钱，便从对方手中抢走商品，急忙胡乱地塞进购物袋，不顾长条面包压碎了覆盆子，径自提着购物袋在扶梯上狂奔。

我们也常在电话那头发现紧张大师，他们说话急迫，好像自己坐在一个定时炸弹旁，即使是最安然自在的人也会被逼得加快说话速度。

更让慢半拍主义者讨厌的，还有下列几件事：爆满的酒馆里，侍者急忙迎接下一批客人，好得到下一笔小费，所以在上完汤之后立即递上账单。

推销员以三寸不烂之舌大肆宣扬产品的种种优点，例如笔记本电脑的高速运算、洗碗机的快速冲洗、洗衣机的加速程序、汽车的扭力以及快速便利的快餐文化。

黄灯时，踩下踏板绝尘而去的飞快自由赛车手，徒留下一阵强风从我们的安全帽旁呼啸而过。餐厅侍者在你还没点吃的东西前，就先问你要喝什么。而你通常得先决定吃些什么，才能点合适的饮料。

记得有一次，一个法国籍的出租车司机从车窗中探出头，对一个灯号变绿后太慢踩油门的瑞士人大吼："老天！威廉·泰尔，你在等苹果熟吗？〔译按：十四世纪初，瑞士人民忍受奥国暴政，瑞士英雄威廉·泰尔 (*Wilhelm Tell*) 挺身救助受虐平民，反遭奥军报复；奥国总督逼迫他须射中儿子头上的苹果，方能重获自由；神射手威廉·泰尔果真一箭中的，却仍遭逮捕。此事激起瑞士民众的民族意识，纷纷起义反抗奥军，终于赢得独立。〕"

对于这样的急惊风，你当然会原谅他。常和其他人打交道的人，对时间压力早已习以为常。

很多时候，独行者总是错过比赛，而浪费场地的出租费用，因为他们还塞在车队中，这也是他们较少参加竞赛或球队的原因，宁愿一个人在游泳池游泳或沉浸在冥想中。这也让他们特别善于倾听自己的内在，不在乎旁人的声声催促，无视时钟的规律，培养出一种本能的时间感。

可以说，爱好寂寞者，对内在时钟经常有惊人的敏感度，他们有自己的生理时钟，而且只在重要的时候才做调整。一个聪明的时间掌控者能够察觉，什么时候才"是时候"。

但是，该如何办到呢？

能主宰自己时间的人，不会犹豫不决，也不会操之过急，既不优柔寡断，也不仓促行事，而是懂得停下来聆听，这只有在单独时才做得到。他的注意力可以自由游走于专心和放松之间，如海草般飘荡、灵活。

经验老到者会静候"时刻"的到来，凡事不强求。就像个冲浪者，会在浪板上站直之前，先历经海浪的高低起伏，等候最佳的冲浪时机；好的弓箭手总是不断拉开弓、瞄准，然后又将弓放下，可能到了第三年，他才会把箭射出。

对艺术家和研究者而言，这就是灵感的酝酿期，但它却常被误认为懒散。在愿望和计划上，许多东西可以先完成；在急迫性及供需问题上，一切都能配合；其他所有条件也都可以满足。那还欠缺什么？

　　没什么，只是时间不对。时机尚未成熟，就像樱桃，在成熟前一天就不够美味。"每件事情的发生时间都是注定好的，天底下所有事都有它们的时刻。" 距今近三千年前，所罗门王这么安抚缺乏耐心的人。

　　我们总是先注意到当下——未来与过去的交会点，所有事物瞬间在这个时刻交集。现在正是关键时刻，释放你的热情、展现你的需求、开启你的幸运之门，属于你的时刻来临了。

　　只是，这决定性的关键时刻究竟是什么？

　　它如同女神般，想被珍惜及称颂。只有你认出它时，魔法才会揭开，因此我们必须全神贯注，不受世界喧嚣影响，远离持续的诱惑，倾听内在时钟的滴答声和内在声音的呢喃！唯有如此，关键的时刻才会显现。

经验，让我用另一种眼光看待独处

先有蛋还是先有鸡？先有经验还是先有看法？对我而言，我是先有经验，然后产生看法；再将新的看法重新汇整，创造新的经验。一个经验生出另一个，认知互相激荡，事件彼此重叠。汇整各式经验及认知产生新的生活方式，让我觉得乐趣无穷。日子愈来愈多彩、刺激，内心也会愈来愈平静、集中。

我不想，也无法说服别人。我可以说出自己的看法，却无法给出具体建议，更不想改变任何人。我不想把生物学研究、社会学知识以及心理学假设，就这么塞给大众。我用另一种眼光看待独处，不断地修正自己的观察方式并改变我的视角——将敌人变为朋友。

不过，我的经验以及从中而生的看法，以及自己和过去的和解体会，永远只能是个人的经验和看法。

正因为对独处的高度重视，所以不允许他人草率随便地瞎搅和。

寂寞是很个人的事，我并不认同一些自称寂寞者的小团体，不断高呼寂寞口号，借以强调自己的寂寞。

一个牧师曾告诉我："人无法规定信仰，无法让人预先信教。"所以我也只能有主观的叙述，说说自己的经验，同时会分享名人（美名的或恶名的）以及其他安静独行者的经验。

偶尔会痛的伤疤，才叫做经验

经验是真实的观察及留意，切实感受痛苦与快乐，如同察觉到隐藏的典范和规则，发现秘密和之前未被注意到的事物，这些都属于我们所谓的经验。勇敢的尝试当然也算，纵然它不是最重要的。

生活经验也是如此，它带给某人一些他还没经历过的体会。它在强塞观点吗？它在帮忙新手吗？它是一个优点、一种价值或只不过是漫长人生的一个副产品？也许经验只是一个较早出生者的无趣附加物？人们可以以它为傲吗？或者有时也该以它为耻？人们是否宁可放弃某些经验？或是因它而沾沾自喜？生活经验其实不外乎就是一种信息优势？

许多人认为自己经历丰富，内心往往却一无所获。学校、评论、公众意见不断提供给我们的观点，扼杀了经验的机会。经历必须经过反思，才能凝结成经验。最坏的情况是，种种磨难让当事者变得阴险狡诈、冷酷无情，那么成堆的经验也无法让人成为智者；而最好的情况是，他不会变得阴险狡诈、冷酷无情。他渡过许多难关，舔舐他那迷惑及愚蠢的伤口，直到它们痊愈。

不过天气变化大时，伤疤还是会痛，这时你就能清楚知道什么叫生活经验了。

愈常思考 寂 寞， 愈能清楚掌握它的 形态 。

刚开始 ，只是 鬼 魅 般 模糊，

像 梦 魇 般 令人郁闷， 但很快地它就变成 亦 步 亦 趋 的 恐怖阴影，

尤其当星期天你在公园散步时，
看见的不是情侣就是夫妻……

4

寂寞要规范，独处的特权就刚刚好

寂寞时需要什么声音

对独行者而言，寂寞的主要噪音干扰通常是由第一、第二、第三或第八百六十三个人所制造的。

神圣的寂寞，对习惯喧闹的人而言是一种禁忌。

也许你可以给一直烦扰你的人一些善意的提醒，而且有时这结果会出乎你的意料，他们不仅不以为忤，还可能对你加以体谅甚至配合你的想法。当然这些人也可能在你背后翻白眼，不过具备自嘲基本功的独行者，早就有心理准备了。

德国文学家赫尔曼·黑塞（Hermann Hesse）曾说："寂寞使人发现自己。"所以，不用害怕追求寂寞，尽管提高你的标准，你不需变得自私，但稍微自我一点根本无伤大雅！

唱歌，还是吹口哨？

通常一个人住的人不太有机会开口，当然有许多时间，你也可以毫无顾忌地发出声响，不需考虑别人的感受，因为没有另一半在旁抱怨胃痛，或说自己还有几个文件要处理，不能被打扰，也没有人正在准备考试或练习长笛等乐器。

当独行者心情特别好时，会如何打造独特的音乐背景？唱歌吗？很少！单独唱歌需要克服相当的心理障碍或消耗一定的酒精量，寂寞爱好者不喜欢舒适宁静的环境被戏剧化的歌曲破坏，悠闲惬意不需要过多的声音暴力。

而冥想型的爱乐者则完全不同了，当他们独处时，喜欢发出柔和、谨慎的声音，所以他们吹口哨，而不会被歌唱者的戏剧化表情所凌虐。吹口哨的人常会吹得浑然忘我，就像是在自言自语，此时最好别去吵他。

当数学家苦思一道公式时，会吹口哨；作家盯着键盘、推敲一个字时，会不按音律吹口哨；还有玩单人纸牌的人，拿起牌放到其他地方时，也会吹着口哨。

美国知名小说家雷蒙·钱德勒（*Raymond Chandler*）在他的小说《小妹妹》（*The Little Sister*）中描述了这种状况："当他很忙时，也会稍微翘起嘴唇吹口哨，没有旋律，轻柔阴郁的口哨声就像一个很新的火车头一样，听起来还不很确定。"

思考中的人会吹口哨，而寂寞的人常常也是思考中的人。

优雅地处理"声音骚扰"

怕吵的人在面对嘈杂声响时，有着歇斯底里的敏感，若寂静不断受到打扰，这时要求他们转而寻求内在平静是没什么用的，因为他们只希望不受打扰，渴望更多的宁静。

假如无法避免有人接近，而这接近又在耳边，例如敲门声、门铃声、电话声、喇叭声、手机铃声或者致命的送货铃声，这种大举入侵的声音，就会对他们形成一种微妙的心理威胁。

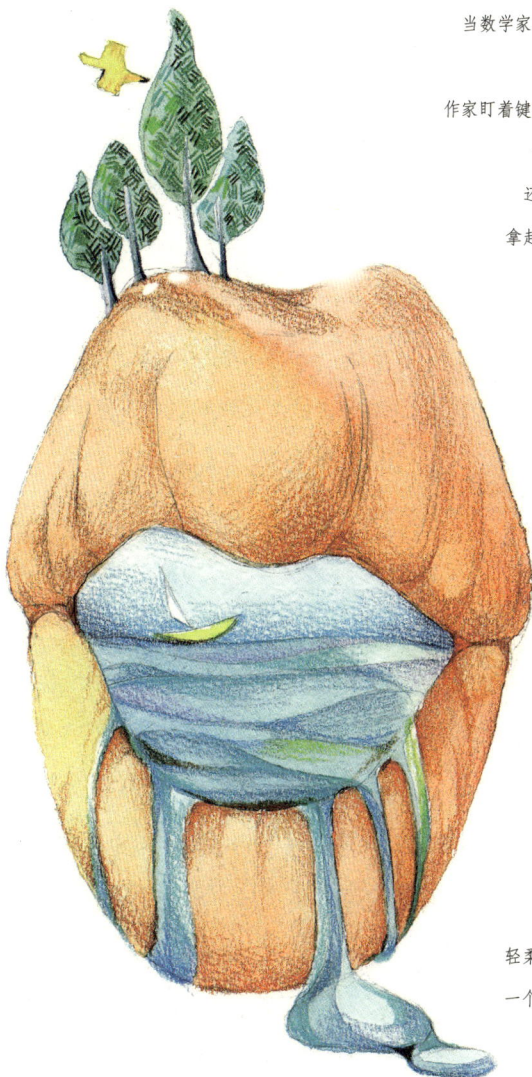

当数学家 苦 思 一道公式时,

会吹口哨,

作家盯着键盘 推 敲 一个字时,

会不按音律 吹口哨,

还有玩单人纸牌的人,

拿起牌放到其他地方时,

也会吹着口哨。

当他很忙时,

也会稍微翘起嘴唇

吹口哨,

没有旋律,

轻柔阴郁的口哨声就像

一个很新的火车头一样,

听起来还不很确定。

思 考 中的人

会吹口哨,

而 寂 寞 的人常常也是 思 考 中 的人。

这些噪音加害者还会将受害者归类为不同等级：是耳朵有毛病，还是眼睛瞎了，来决定要将车子喇叭按得震天响，还是打闪光灯，请前方的车闪避；或将其归类为反应迟钝者，不然为什么有人可以短短四秒钟内连按两次铃；也可能将对方当作偏头痛患者，所以总是谦卑小心地轻敲着门，声音微弱到几乎听不见，唯恐触怒里面的人导致情绪失控……

这些不经意或可称为鲁莽的压迫，总是日夜威胁着你我：

病人更换绷带时，那自以为得体的病房敲门声；

护士递送病历时，肆无忌惮地闯入诊间，而我原本只想半裸给医生看；

在清晨微曦刚刚睡着时，送羊奶的按门铃声；

粗枝大叶的老公闯进浴室，而老婆正在里面试一种新面膜；

没耐心到像点彩派画家（在画布上用众多色点堆砌）一样猛按电铃的人；

或是只单击电铃，让人困扰不知道那到底是邻居在开香槟庆祝，还是你家电铃响了；

连响十四声的电话来电……

我们该如何捍卫自己的宁静空间？绝对不能使用耳塞。这种个人的声音阻隔器有如镇定剂，只能麻醉，无法根治。对于这些强迫性的声音骚扰，你必须揪住它，让它变得优雅，听出这些声音骚扰在"说"些什么，然后配合不同情况使用，才能有圆满的结果。

但多数人却犯下完全相反的错误，例如因为旅馆服务生敲门太大声，任由它破坏了原本想点香槟喝的兴致。而聪明的独行者懂得仔细聆听，并能以超强的听力摸清对方的底细，例如要跳起来才碰得到电铃的小孩，通常只能按短促的铃声，等他长大一点，你便能从他的电铃声判断出他的英文成绩如何了，考得好铃声急促，考不好就有气无力；车道被占据了的邻居，所按的铃声则是惊天动地；爱慕者按出的铃声同样如此，因为没有什么比没耐心的食指更能表达他的爱意……

那些噪音受害者也有一些制式化的反应，所以强盗、酒醉者或在家只穿内裤的人，一听到门铃大作会立刻跳起来；每个主管从敲门的频率和力道，就能辨识来者是敲门声不坚定的马屁精，还是等不及听到"请进"便开门进入的莽撞者。

有时我会想

若是门铃声能够像冰块落入

轻晃的玻璃杯中时，所发出的

清脆叮当声

敲门声变成撞球的

利落碰击声，这样一来

即使是对噪音敏感的人也会觉得　悦　耳
　　　　　　　　　　　　　　　　　 。　。

那么我们不仅会大开家门

也会敞开　心　门
　　　　 。　。

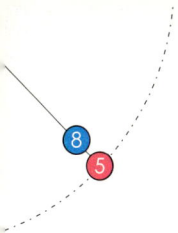

电话同样是一种微妙的暴力玩具，你可以拨个号，就让世界另一端的一个日本人放下报纸，站起身接电话。而装有电话录音机的人，在操作时也会泄露自己的个性。

录音机设定在电话铃响第一声后便自动开启的人，可能是一个接单子的自由译者、一个被爱人抛弃的人或只是单纯的好奇宝宝。寂寞者虽然总爱强调自己的淡泊超然、不问世事，但他们当中却不乏好奇上瘾者。

而让录音机在电话铃响第五声后才启动的人，则是自信十足，毫不在意他人看法的人，反正他也不希望有人打过来。

不过，只有少数人可以用各自的方式掌握"接收声音"的艺术，完美结合了警告和暗示：一流的侍者在接近女主人招待客人用茶的沙龙前，会先干咳；猎人往山上牧场前进时，会先在山谷里唱歌；圣诞老人远远就让你听到他的铃铛声；情人会先在窗下哼着属于"我们的歌"的开头；老朋友会在门口朗声念着只有彼此才懂的暗号。

有时我会想，若是门铃声能够像冰块落入轻晃的玻璃杯中时，所发出的清脆叮当声；敲门声变成撞球的利落碰击声，这样一来，即使是对噪音敏感的人也会觉得悦耳。那么我们不仅会大开家门，也会敞开心门。

不过，独行者觉得最美妙的讯息，往往还是一封信的到来。

寂寞并不丢脸，装熟才丢脸

寂寞应该感到不好意思吗？饱受寂寞之苦的人，往往要承受着双倍的痛苦，除了彻底绝望的寂寞，以及失落地处在幸福两人或多人世界，还有第二种痛苦——为落单感到不好意思 (觉得丢脸)。

沮丧的寂寞者常会羞愧到无地自容，因为他们害羞、不喜欢被注意，而往往当他们只身出现在众人面前时，就会引人注意。

人群中落单的自己被突显了，只好忍受被众人注目的眼光。他们会揉烂手中的纸巾，咬断自己的香烟或指甲；没有伴侣的落单者，在派对中仔细研究主人书柜上的书封或逗玩主人家的宠物；只身前往剧院的人，则会在中场休息时，待在自己的座位上，研读节目介绍手册。

这些事情，在别人的眼里看起来或许悲惨，但爱好寂寞者却不觉得可耻，他们愿意耐心强调自己不是爱讲话、个性外向的人，也不想

像花蝴蝶或开心果般四处周旋。因为就算乐于交际者也非个个都是社交天才，有不少人只是喜欢讨好任何人、表现自己的人缘。拜托，这些人才应该觉得可耻！

能独立生活的人，最懂维持友谊

这些老派的寂寞排挤者，迫使独行者为了不再让自己深陷羞耻中的不快乐，于是拼命努力减少被羞辱的机会，他们选择<u>压抑</u>、<u>说谎</u>、<u>美化</u>、<u>掩饰</u>的方法以求不断自我欺骗。当他们打电话给以前的朋友时，会在电话接通后，先大笑地说完"好，待会儿见"，然后再回到电话上，说声不好意思、报上自己的名字；或是假装自己不是单独在室内或在分机上说："一个人？我？当然不是！"

一位女性邻居开着窗帘布置餐桌，点上蜡烛，准备三人份的餐

具。之后她拉下窗帘，一个人用餐。

一个老朋友故意把床上的两个枕头揉得皱兮兮，让可能来访的客人以为昨晚他不是一个人睡。

一个未婚、没有家人的朋友，将她自己包装的空包裹叠放在圣诞树周围，因为只得到两个忠实老友的礼物让她觉得丢脸。

另一个朋友只要出门后，就会打好几次电话给自己的电话录音机，为的是回家后，一瞬间让自己以为有很多人要找她。

一个男性朋友从不在超市买单人份的物品，因为他不想在结账时被视为可怜的单身族。

这是骗人的手段还是自我欺骗？

为了让这些感到羞愧的寂寞者从难堪的状况中解脱，市面上已有一种可以制造多人声响的CD，这些声响包括轻咳、嘟囔、关门、拉抽屉、挪椅子、小声对自己唱歌等音效。

记得有一次，当一阵穿堂风吹来，关起家中后方的一扇门时，我竟然感到很高兴。因为当时我正烦恼甩不掉一个烦人的推销员，只好假装在我身后有一个不耐烦等着吃晚餐的假想老公。

在不安的寂寞者眼中，寂寞不仅是一种缺点，一种失败，甚至是一种缺陷，还是一种不想被人逮到的犯罪行为，就像过去同性恋者、年老者及失业族一样。但是我们应该了解，这些对寂寞的错误理解，都已是过去式。

独处，应该被视为培养成功人生的一种可能，我们必须支持它，并以勇于归属这种生活的选择为傲，在我看来，甚至觉得该感到得意。这些态度，全都是未来公正对待寂寞的方式。

能独立生活、了解并喜欢自己的人，通常具有维持深厚持久友谊，以及主动关怀他人的能力。而不以约定或亲属关系为基础的独身状态，抗压性通常较大，他们不过度依赖，不受困于亲人的压力，不受彼此摩擦的两人关系束缚，所有的决定与喜好，都出于个人自由意志。

一旦你不受制于他人，他人也不受制于你，你就可以和全世界为伍。社会学家认为独身者虽然表面看来"安全亏损"，另一方面则是"整体获利"。他并不是一个不参与活动的扫兴王，也不是拒绝各式娱乐、脾气暴躁的怪咖。在我看来，独行者拥有所有的可能，并且有足够的时间去塑造自己认为正确的生活。

令人惊讶的是，许多表面上看起来以自我为中心的人，却意外地古道热肠。他们善于与人为友并乐于助人，具有天生的同理心，对他人保持好奇，有参与社会的能力，处事圆融。

简言之，他们的社交及情商是显而易见的。

这一切都让我看不出，有什么地方需要为寂寞感到羞愧！

寂寞伤人，但也有好处

人会寂寞（或觉得寂寞）的原因很多，例如：没有亲人，孤独一人；身处异乡；家庭破碎；贫穷的孤立感；身体上的疼痛，夺走他们的自信心……这些都是让人遗憾的理由。

此外，还有一堆众所周知的原因：强大的野心会让人寂寞，企图心旺盛者仿佛戴着眼罩，对所有站在通往成功道路上的旁人视而不见，很快地，那些人会从他眼中彻底消失。

羡慕和嫉妒同样会让人寂寞。看着满足、快乐、享受生命的人，就会让自己不停地受伤，所以避开那些人，不再去看。就这样，世界缓慢却稳定地从视线中消失。

认为世界上没有人能信任，将脱离"彼此欺骗的交友圈"视为唯一的出路。因此经常有人将一只乌龟、一只毒蜘蛛或一株盆景小树，作为唯一信任的朋友。

还有很多看不见的寂寞者，因为缺乏对抗寂寞的方法，而变成一个不擅沟通、拙于接触他人、缺乏好奇心的胆小鬼，或是情商不足、社交败将的不良寂寞者。但属于寂寞好的那一面呢？懂得知足的寂寞者又是如何？

知足的寂寞者，会了解悲伤与苦痛很快就会结束，寂寞的正面获利便是独处的机会，这也是期待已久的解决之道。

所有苦闷事物的救星，原来就在内心——我们的寂寞。

独处成了专属特权

没有人能像独行者一样，花那么多时间去想自己为什么孤独一人；也没有人像他那样专注聆听自己的内心。独处提供了所有的可能，让你更了解自己，这些都是独行者享有的特权。

他的寂寞不只是一种奢华的生活形态，也是一种提升生活质量及将生活艺术精致化的舒适基础。

我们每个人，都应该了解这种奢华的生活形态。在寂寞中，你会发现好的机会，很多可能性，广泛的选择权。多数的孤独大师也不断分享自己的爆炸性创意、信仰和心灵的新感觉、精神上的深刻体验、无止境的自由、对于爱以及被呵护的美好感觉。

他不识任何女性的禁忌

恣 意 当个老烟枪

没有陌生的 窥 视 目光

他可以自己补破裤子

若他爱音乐,他可以吹笛

惬 意 地虐杀时间

他可以大声呼噜,毫 无 顾 忌 地咳嗽

人们 逐 渐 遗 忘 他,顶多会有一人问起:

"什么,他还活着?

妈的,我以为他早就蒙主宠召了。"

小心落入孤独的危险

会把寂寞和危险联想在一起的人，其实大错特错。因为根据犯罪统计数字显示，多数的谋杀案都发生在亲戚、朋友及邻居之间，一个人生活和共同生活相比，可能产生的危险其实少很多。

夸张点说，一个人住其实比较安全！不过，这并非零风险。我们不想美化事实，因为我无法否认有铁石心肠的怪人，不快乐的单身女郎等类型的寂寞者存在。

其中有些人会随着时间推移变得愈来愈难缠，例如难以亲近的女强人，喜好争吵的自私鬼，长年怨天尤人的寡妇，孤僻冷淡的老鳏夫，恼火的好妒女，绝不与人分享食物的怪人，怒气冲冲的老头，讨厌男人的怨女。这些古怪阴郁的单身者，总让人感觉喜欢拿棍子威胁狗和小孩。他们的心灵空虚贫乏，失去社交能力，缺乏参与、圆融及同理心。而在那显然缺乏互动的单身生活中，他们只会变得恶毒、具攻击性且极度自我。这些都是需要万分警戒的威胁性寂寞，而这才是真正的危险！

有一次，我在公园散步时，碰见一个老太太，就站在竖有"禁止喂鸭"标示的池塘旁，大喂鸭子。我礼貌地提醒她标示上的文字，虽然我晓得，寂寞的老人可能是最让人害怕的一种人。老太太转过身，用她那祖母绿的眼睛看着我，厉声叫着："你去死吧！"

在惊吓及羞赧之下，我只能带着无助的微笑离开那里。鸭子飞起来了吗？茉莉花丛发抖了吗？公园围墙颤动了吗？总之有几个散步的行人回过头看我，好像我对那个老太太施暴。

长时间的独处除了让人变得邪恶，还会滋长其他恶行。德国画家威廉·布施（Wilhelm Busch）就描述了一个寂寞者所有的快乐和风险：

寂寞者觉得很棒，因为没人会对他怎样。

没有动物，没有人，没有钢琴打扰他的快活，

没人给他立意良善，却难以入耳的明智建言。

他静静地逃离世界，随心所欲地踩着毛拖鞋，甚至终日穿着睡袍四处闲荡。

他不识任何女性的禁忌，恣意当个老烟枪。

没有陌生的窥视目光，他可以自己补破裤子。

若他爱音乐，他可以吹笛，惬意地虐杀时间。

他可以大声呼噜，毫无顾忌地咳嗽。

人们逐渐遗忘他，顶多会有一人问起：

"什么，他还活着？妈的，我以为他早就蒙主宠召了。"……

好好管管你的寂寞习惯

独行者的习惯会随着时间而融入生活中的每个角落，我们可以观察到：某人突然在米其林三星餐厅里剔牙，因为从小到大他的爸妈都是如此，他在家中也是这样，却忘了今天坐在对面的是有钱的姑妈。

家中没有挑剔的老婆、扬着眉毛的老公或无情批评的孩子来当纠察队，人们会逐渐失去一些规范。芳龄不小，却硬将过度丰满的胸部塞进绣着发亮小熊的T恤，或者戴着50年代的皮质窄领带。

不太爱干净的人会慢慢变成邋遢鬼，社工人员很难在他满是垃圾的家里移动。某些独居者若不好好注意，总有一天会将毛衣反穿、穿上两只同脚的袜子或是忘记扣好洋装背后的纽扣……

未改正的习惯很容易变得根深蒂固。独行者可以很灵活，也可能变得死板。随意养成且未被质疑的习惯，可以让一个拥有创意的人变得呆板无聊，最后养成死气沉沉的个性。

有人坚持每天下午三点四十五分进健身房；有人将他的陶瓷娃娃以一种不会撞倒的顺序排列；有人听到古典电台播放巴赫时就不接电话，虽然他有十九张巴赫的CD；有人坚持不踏上意大利，因为三十年前一个来自波隆那（意大利城市）的女孩竟然让座给他……这些人不仅是强迫症患者，显然也没有人会在旁劝说："好啦，放轻松一点，别钻牛角尖！"

所以，独行者还是需要朋友的，甚至家里有个爱挑剔的泼妇也不赖。从怪异独行者种种走火入魔的行为中，我们可以看到，独处可能成为一种威胁且令人害怕的性格扭曲。

在寂寞取得控制权并变成一种有害的影响力之前，它必须被妥善规范。只要将它拟人化，就可以达到这个目的，而有天赋、充满想象力的独行者还会为寂寞画上一张脸，并给予它美妙的声音。

所以，冒险开始啰！

别跟着流行歌、偶像剧学习处理寂寞

我不只把寂寞当朋友、死党，还把它当作人生的伙伴。把令人生气或害怕的事物拟人化，是心理学的一个老招数，从上台恐惧症到癌细胞均适用。

"影响我们的不只有那个事物，还有我们对它的看法。"这是两千年前的智者早已谆谆告诫的。

"寂寞"不像"快乐"只是个单纯的词汇。我们对"快乐"的定义不会想太久，而是想着感谢辞怎么说最好，想着新娘礼服的剪裁，想着要把奥斯卡奖杯放在壁炉台上还是保险箱里，想着乐透奖金该如何投资，根本没有多余时间去思索快乐的本质。

而寂寞就不同了。人们绝对有时间思考寂寞，他们坐下来，哭泣或愤怒，在日记本里以华丽辞藻描述，以更华丽的辞藻写给心理治疗师，再以最华丽的辞藻写给好友们，以便在夜晚时打电话去骚扰他们。

愈常思考寂寞，愈能清楚掌握它的形态。刚开始，只是鬼魅般模糊，像梦魇般令人郁闷。没有轮廓，叫人不安。但很快地它就变成亦步亦趋的恐怖阴影，尤其当星期天你在公园散步时，看见的不是情侣就是夫妻……就算你当它是敌人，它还是不请自来，在家里等候并拒绝离开。

所以，我很早就将寂寞拟人化了，一开始把它当作一个小女孩，拉拢到我身边，当作一个可信任的朋友。虽然她常有坏点子，恶毒的苛求。狡猾不已的她就像个有血有肉的人一般，会有需求，伪装自己，同时给予承诺及奖励。

我和她说话，虽然有时也很受不了她。我经常跟她道歉。每当她又想故技重施，让我落入郁闷的心情时，我会对她微笑说："女孩，别这样，你并不笨，别扫兴了！"

她发现捣蛋不成，就会拔腿逃跑，而我就会拥有一个愉快的夜晚。

开始夸张的行动吧，多荒唐都行

大部分的单身者，都是从流行歌曲及偶像剧中，学习如何与寂寞相处。

34岁的律师碧尔姬	躺在浴缸里，让水满溢，然后哭泣，同时观察眼泪如何滴入水中。
42岁的绘图师保罗	我一个人在家吗？截至目前的纪录，晚上抽27根烟。
26岁的售货员乌希	走上走下，看镜子，站在窗户边，打开柜子的门再关上。走上走下，看镜子……所有事从头来一次。
42岁的妈妈克里斯廷	把冰箱里的食品全吃光。
45岁的房屋中介洛夫	当我从办公室回到家，还来不及脱外套，我就打开电视，一直到所有的节目播完再回放。

这些都是寂寞者典型、不太有创意的应对方式，狂吃、酗酒、哭泣、看电视。在你尚未高估寂寞的影响力时，有一种较好的反应可以面对，不仅得以愉快地应付，还能获得较大的成功。

为了看清寂寞和它庸俗的自怜，谴责愚蠢的自怨自艾并嘲笑它，我们需要先采取夸张的行动。

彻底释放你的烦恼，你可以抛开所有品位的界限，拜托！你自己一个人，这些算什么！你要让寂寞发挥到淋漓尽致，把情况变得更糟糕！你可以关机，反正也没人会打来；把冰箱里的东西全部丢掉，一方面你不会再乱买东西，另一方面，空腹会让人心情更沉重。

最好能碰上雨天，再加上十一月的雾，而最理想的当然是圣诞节前一周，也许能把不快乐的程度提高到相信自己可能生重病，当你死掉时，没人会发现，一直到几周后，才有人在楼梯间闻到臭味……

对付灰暗念头的绝佳方法，就是想象世上其他人在这个当下是怎么生活的，你会发现没有别的方式，唯一方式就是爱自己。

罗马尼亚哲学家萧沆（Emil Cioran）曾说过再清楚不过的箴言："人不该只是感到和缓的压抑，而是要忧郁，直到过度、彻底极端的悲苦。如此才是一种疗愈性的生理反应。"

这的确值得一试。给负面情绪一个出口，绝对有益身心，尽管放声哭泣、大叫、哀叹及诅咒，直到能让高墙摇晃。抱怨得愈戏剧性，愈大声，愈好。到了某种时刻，你会发现整件事情听起来有点过火，甚至可笑，可能会觉得有点丢脸，不过反正没人在，所以不必难为情了。

当你处理因收拾花瓶或香水瓶碎片而被割破的伤口时，

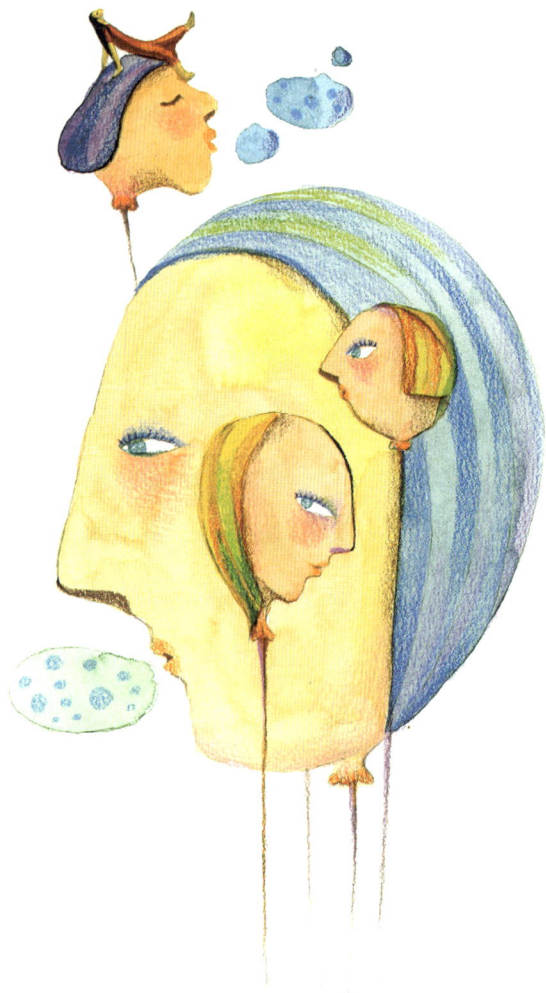

所以，我很早就将寂寞拟人化了，一开始把它当作一个小女孩，拉拢到我身边，当作一个可信任的朋友。虽然她常有

坏点子，恶毒的苛求。狡猾不已的她就像个有血有肉的人一般，会有需求，伪装自己，同时给予承诺及奖励。我和她

说话，虽然有时也很受不了她。我经常跟她道歉。每当她又想故技重施，让我落入郁闷的心情时，我会对她微笑说：

"女孩，别这样，你并不笨，别扫兴了！"她发现捣蛋不成，就会拔腿逃跑，而我就会拥有一个愉快的夜晚。

你会感到全身透支，但也会松口气地自问："这样是做什么呢？"有的人会觉得虚脱，但看着浴室镜中浮肿的脸孔，顿时会觉得自己强大起来了，并欣喜地决定：事情应该有不同的做法。

过去那超级变态的寂寞巫婆，立即功力大失，突然间，她显得年轻、出色、和蔼可亲。一切都转向美好，不过和她争执的阶段即将开始。争执？没错，这将是一场激烈异常的大战。你会知道，自己的胜算极大（光是接受这个挑战，你就算赢了），所以大可安心。

你尽管对她大喊，反正还是没人会听到。"来啊，从角落里出来！我就在这里，看看谁才是老大，反正我已经不怕你了！"

你还可以像拳击手般握着拳头在周围蹦跳，现在该你出手了，转化恐惧并利用她的力量反击。一并抓起寂寞连同她那空泛的无情，扔在地上，你会看到，她躺在那里，一副可怜的样子，肚子朝上，没死，但输了。

然后你伸出手，帮助她站起来，对她说："亲爱的拳击伙伴，从现在开始，'我'是老大，'我'能控制你。"我向你保证，被打败的寂寞会对你言听计从，未来也会尽力展现她最好的一面。

唯一的副作用就是远离寂寞的感伤忧郁后，在寂寞展现最好的一面时，也会引出你最好的另一面。

寂寞能使人_{静观自然，}

对世界
及造物者

保持澄澈的信仰意识

5

高峰经验,

留多点 时间

给自己

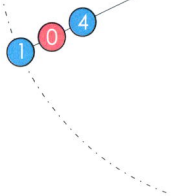

当参与"不能让你快乐……"

当你看到墙上有蜘蛛时，连忙逃开，你从此就不再害怕蜘蛛了吗？答案大家都知道——不会。那么，逃避寂寞，对寂寞的害怕就会消失吗？

奥地利女作家艾森巴赫（Marie von Ebner-Eschenbach）在十九世纪就写道："当寂寞和我们同处于世间的纷扰中，感觉让人痛苦；但当它侵入我们的家庭温暖时，那更令人难以忍受。"直到现在，依然如此。

每逢除夕夜的小型聚会，在满桌的欢乐气氛中，总会有人落泪，这情景对我们来说再熟悉不过了。欢聚的气氛，加上极佳的日期，引发了自怨自艾，新仇旧恨一一涌现。如果问他，恐怕只能得到哲学式的简短回答，像是"别问"或"到最后，我们在这世上不也是孤单一人"这种了无新意的答案，不过夜晚也就这么过了。

还有无数疯狂参与任何庆典、狂欢派对或音乐祭等活动的人，投

空气在缓慢的暖流中移动，和我的呼吸有着相同的律动。我发现，我的脉搏随着世界跳动。我成了空气，成了噪声，成了噪声，成了暖流，成了世界。

入狂热的欢闹中，只为抚平寂寞带来的痛苦。但他们之后往往大失所望，反而拖着更加寂寞的脚步回家。即使身边有人搀扶，但身旁的人其实也是同样的心态，想要找到一个可以搀扶自己的人。

那些在熙攘人群中才有归属感，喜欢融入，凡事"插一脚"的人，也许认为在群体中就能麻痹单独一人的痛苦意识。

有些人就是需要别人和他面对面，尽可能挤迫，尽可能靠近。"他们期待，亲近能产生温暖。"美国社会学家理查德·桑内特 (Richard Sennett) 在《再会吧！公共人》(The fall of public man) 中如此写道："他们努力追求一种紧密的合群关系。然而，他们的希望却变成失望。人们彼此愈接近，他们的关系便愈不愉快、愈痛苦、愈具毁灭性。"

但也有不是这样的。他们不要暂时的麻醉，勇于做出不同的选择，我指的不是去找医生、心理治疗师或神职人员。通常他们会被疗愈，同时有能力疗愈他人，这些人常常是伟大的寂寞艺术家。

知道寂寞能起什么作用的人

60多岁的美国独立制片导演詹姆斯·班宁 (James Benning) 站在南加州的自家花园，拍摄天空。

他那部获奖多次的前卫影片《十片天》(Ten Skies) 全长103分钟，共分成十个片段，每个片段分别是十分钟。摄影机维持不动，只有远方地面传来的杂音，轻得几乎听不见。影片中的云移动得极为缓慢，出现或消失，几乎难以注意。有时天空变得清朗些，有时有雾，几乎察觉不到。

"为了用这种方式看天空，我花了五十年的时间。"班宁说。对许多人而言，用这种方式看天空是一种全新的体验。可以说，他们同时用这种方式重新看待了静谧、缓慢、平和与寂寞。

不久之前，电视台播放了这部影片。影片一开始沉闷难耐，但后来看得我热泪盈眶。然后我移开视线，起身拿东西喝，再照照浴室的镜子，看看自己是否该洗头了，后来又检查一遍厨房窗户是否锁上。但是这些完全无济于事，我又回到电视机前，魔法再度开始。

那天晚上剩下的时间，我像中邪似的一直待在电视机前，既紧绷又全然投入。这样的感觉，我并不陌生。曾经在我独处及深沉寂静的时刻，也有过这种强烈的感觉。老魔法师班宁——前卫影片导演群中的独行者，牢牢抓住这种感觉并表现在影片里。

英国著名女歌手凯特·布什 (Kate Bush)，以演艺圈的隐者闻名，曾在泰晤士河中靠近伯克郡 (英国英格兰东南部区域的郡) 的一座小岛蛰伏了十年。她与世隔绝，谢绝公开活动。经过多年酝酿，她推出了全球热销的专辑《缥缈》(Aerial)。

慕尼黑的艺术家佛特 (Hannsjörg Voth) 是一个伟大的寂寞冒险家，在杳无人迹的摩洛哥沙漠中，在游牧民族的协助下建造了一座黏土塔楼"猎户星之城"，将星座以3D大型雕塑呈现。

二十年来，佛特每逢冬天总在那里生活、工作。寂寞，但充满动力源泉。看过他的摄影集 (他的妻子担任拍摄工作)、听过他说故事的人，很难不被吸引，进入诱人的漩涡——一个寂寞的漩涡。

佛特也曾在二十五年前独自住在荷兰埃塞尔湖 (IJsselmeer) 中一个架高的木筏上，就在那里凿出一艘石船，而那船在完工之后终会沉

没。这样一个总在<u>极度孤单</u>的状况下生活及工作的男人，并不是个疯子，相反地，他是个<u>指引者</u>，以最美的状态让人快乐。他知道，为什么自己需要寂寞，寂寞会起什么作用。

德国导演葛洛尼 (Philip Gröning)，在法国境内阿尔卑斯山上的嘉都西会总修院，拍摄了纪录片《大宁静》(Into Great Silence)。嘉都西会是天主教中最严格、最出世的修会，要求修道士们绝对的孤独及绝对的沉默。葛洛尼在那里居住并拍摄影片长达五个月。全长162分钟的影片里，观众看到的几乎只有沉默和流逝的时间——在一个没有害怕、没有忧虑的斗室中。

"这部影片不是记录报道，而是将观众带入一种类似的状况。"葛洛尼说，"它能带来快乐，如果人们能够忍受。"

你应该看看那些看完近三小时影片后，再度踏上街头的人们的脸孔，还有点出神、发亮、着迷，就像导演所预告的一样。

意大利登山家兼冒险家莱茵霍尔德·梅斯纳尔 (Reinhold Messner)，在其著作《戈壁，我内心的沙漠》(Gobi. Die Wüste in mir)，记录了他最后的旅行。这个年逾六十的男人花了五周的时间，脚踩沙石，走了两千公里，背上还背了五十公斤的行囊，而且单独一人。

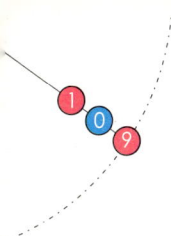

"在寂寞中，没有东西会逃走。"所有的经验或许都能讲给家乡的人听，让他们舒适参与一小部分他的辛苦和梦想。这也显现出，独行者也许是以自我为中心，但并不自私。

我们应该感谢这些艺术家，让我们只花少许金钱，就获得让人印象深刻、深具美感，却不过度美化的观点，来看待其他的生活模式。

建议：刻意碰触痛心的寂寞感

除了追寻寂寞，我甚至建议你刻意碰触痛心的寂寞感，试探各种可能，好让眼泪转变成更强烈的厌恶状态。以一种"千山我独行"的想法，就能抵抗所有对寂寞的错误想象，以及面对处理伤感情绪专家的怂恿力劝时，也能产生免疫。

有同理心的业余者，可能只会送你单人纸牌游戏、电子单人棋盘或会将球打回来的桌球机器人……专家可就专业到位了，他们从"脑"进行改造。世界各地总有一些聪明人，致力于让寂寞者了解自己的悲苦。他们的"魔音穿脑"，看看流行歌曲里的歌词便知晓。

我在旧唱片行里闲逛并看看新的专辑曲目，抬眼就可以看到与寂寞有关的曲名，例如保罗·麦卡尼（Paul McCartney）的《寂寞之城》（Lonesome Town），雪儿（Cher）的《这首歌献给孤单的人》（This Is A Song For The Lonely），猫王（Elvis Presley）的《今晚你寂寞吗？》（Are You Lonesome Tonight?），查理·瑞奇

(Charlie Rich) 的《寂寞的周末》(Lonely Weekends)……

海滩男孩 (The Beach Boys) 、滚石 (The Rolling Stones) 、巴瑞·曼尼洛 (Barry Manilow) 、小甜甜布兰妮 (Britney Jean Spears) 、吹牛老爹 (P. Diddy) 和比吉斯 (Bee Gees) 也会歌颂寂寞。

听到西部乡村歌曲时，曲名里的 "lonesome" 或 "lonely" 突然就变得醒目了。"牛仔是寂寞的男人"更是一种对独行者的印象，尤其是"松开缰绳，朝夕阳里奔去"的情景。

不过，或许人们早已知道，事实和表面印象常常是两回事。这些低报酬的可怜家伙，常得在雨天和他们的工作伙伴们坐着瞎扯并交换食谱。但是，这实在令人难以想象，所以人们情愿听着那些乡村歌王演绎的悲情曲，感受着美丽与哀伤。

我喜欢旅馆的酒吧和它的乐师。他们弹奏的曲目中带着些许轻快，但绝不是开心的氛围，游走于些微忧郁的边缘，而这微妙的情绪，酒吧钢琴师总能办到。

那里总是轻声细语或安静无声。你是无名氏，在这个城市里几乎是个陌生人。一整天的参观或会谈令你疲倦，好的饮料能让劳累化为松懈。在旅馆酒吧的幽静氛围中，甚少出现嬉闹的团体，因此你能专心聆听琴音。它并不愉悦，但也绝不感伤。然而经典曲目如《暴风雨》(Stormy Weather) 或《感伤之旅》(Sentimental Journey，1945年美国歌手桃乐丝·黛所唱) 却总能触动你的心弦。

对于拖着疲惫脚步回到旅馆空床的寂寞者而言，这些诠释寂寞的歌曲无疑是最佳摇篮曲。

缪斯要求寂寞

你喜欢画画，虽然可能没去过现代艺术博物馆（*Museum of Modern Art*，一所在纽约市曼哈顿中城的博物馆）；你总是用钢琴弹奏 *In The Mood*〔经典的爵士歌曲，葛伦·米勒大乐团（*The Glenn Miller Orchestra*）最受欢迎的名曲之一〕，虽然听起来像一首古老的德国民谣；你写诗，朋友们却在你朗读时捧腹大笑着离开；你幻想着将冰箱里的剩菜，做成一道异国风味的创新料理；你觉得自己是作家，写的小说却不到五页……

那么，我认为你是一个勇敢、值得尊敬的人，勇于在你的界限里发挥创意。千万不要过于看重众人认可的成功，也不要让所有那些认为艺术就是欣赏当代剧作、参观展览及读完最新畅销书的人来误导你。

你已经在进行创作。你完成了一些东西，而且是自己"做"的，不是"请"别人完成的。而且你非常清楚，进行这些事情时，需要的是创意的基本条件：隐遁、安静、忘我和寂寞！

中国诗人李白在他的诗《自遣》中如此写道："对酒不觉暝，落花盈我衣。醉起步溪月，鸟还人亦稀。"

而赫尔曼·黑塞在《诗人》中描写一位赞赏寂寞的诗人："夜空里无尽的星星，只照着我这寂寞的人。石井哼唱着魔曲，只为我一人、我这寂寞的人。多彩的魅影拉着飘浮的云朵、美梦越过原野。"

德国启蒙时期的重要作家莱辛 (G.E. Lessing) 说得更妙："缪斯要求寂寞。"写作中的人不喜欢别人从背后看他，虽然也有人习惯在人声鼎沸的咖啡厅里写作，听着杯盘碰撞声才能将灵感化为文字；或者待在雾蒙蒙的酒馆里，才能在啤酒垫上写下文学诗歌。然而，灵光乍现的反射是需要孤独的。土耳其作家帕慕克 (Orhan Pamuk，2006年诺贝尔文学奖得主) 曾说："除了写作，我什么都不想做。一旦远离了我的书桌，对外我害怕与人冲突，所以总是避开人群。我爱寂寞。作家的职业就是寂寞的职业。"

当帕慕克在自己选择的寂寞中又感到太孤独时，他会这么做："如果你不快乐，应该知道不只有你，所有的人都寂寞，你可以到自己喜欢的城市散步。回到家后，你就会更快乐了。"

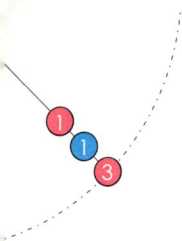

一小段时间、几小时或几天的寂寞，就好

孤独，是个令人喜爱的写作题材，有太多文学巨擘喜爱描写自己及书中人物的寂寞，例如奥地利诗人里尔克、意大利诗人佩脱拉克（F. Petrarca）、法国哲学家卢梭（Jean-Jacques Rousseau）、德国哲学家尼采、美国作家梭罗、奥地利女作家哈尔斯赫福（Marlen Haushofer）、经典图书《小王子》的作者圣埃克苏佩里（Antoine de Saint-Exupery）、美国旅行文学家保罗·索鲁（P. Theroux）、法国哲学家蒙田（Michel de Montaigne）……而这些伟大的创作者，只是其中一小部分。

另一个例子是美国作家曼罗·里夫（Munro Leaf），在其童书《爱花的牛》（The Story of Ferdinand）中叙述了一只小公牛费迪南，最喜欢静静坐在树荫下闻花香，它对于和其他公牛打斗、参加斗牛大赛丝毫不感兴趣，它的母亲有时会担心它过于孤单、觉得寂寞。故事经过一番波折，最后的结尾是：费迪南终于又能独自坐在一棵栎树下，闻花香。

这本薄薄的小书光在美国就畅销了250万本。寂寞不仅是一个令人喜爱的写作题材，也是一个令人喜爱的阅读题材。除了《爱花的牛》，英国小说家丹尼尔·笛福（Daniel Defoe）的《鲁滨孙漂流记》（Robinson Crusoe）几百万本的销售量便说明一切。

偏僻的鸟类研究站观察员、灯塔管理员及夜间守卫都是需要承受孤单的工作，写作的人也拥有一个寂寞的工作。

许多人认为诗人和作家都是怪人。他们的工作是极端孤寂的。多数的职场人在进行任务或准备报告的过程中，总会接触到他人；然而一个作家在写作过程中，却必须从头到尾朝同一方向独立完成，没有旁人拉他、推他或要求他。

有一次，一个成功的女作家对我坦承："有时候我真希望坐在办公室里，也许在某个报社的编辑部门，隔着OA板呼叫某人、和一个同事聊另一个同事、在茶水间闲聊、相约晚上聚会。或是问：你今天好吗？你觉得这个句子如何？可以这么写吗？你有没有头痛药？或是说着：天啊！我一定得告诉你，我发生什么事！你看，这是他的最新照片！"

她渴望地叹息道："但是这样的生活才过一天，我又会想念我的寂寞了！只有完全孤独时，我才能好好写东西。只有完全孤独时，我才感到真正的快乐！"

至于爱好写作的业余人士，平常可能会写写日记、笔记、备忘录、回忆用的游记、未寄出的情书或威胁信……他也需要寂寞，而寂寞也需要他。

寂寞具有要求和鼓动的激发性，让不少创意者成为举世知名的艺术家。只要有一小段时间、几小时或几天的寂寞，他们就可以开始注意自己的内在。人们总是在一段适当、极其有益的无聊时光后，察觉到寂寞带来的催促感。那是一种在灵魂中咕隆作响并想要急奔而出的期盼。它和想象力一同喧闹，想要有具体行动，激发人引发创意，可以写点东西、化作色彩或谱成乐曲。或许，这是你和自身艺术才华间一段美妙情谊的开始。

把握这个机会，绝不要压抑这个动力！寂寞者会发明出最具创意的灵感方式，把想象力化为行动，例如以一个字展开自己的未来（假如你不是非得马上写出一本600页的小说不可）。

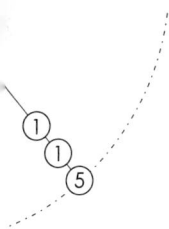

一个字的力量，唯有一个人才找得出来

想象一下，人在读一本书时，会因为书中的内容或表述形式，阅读时可能会着迷、睡着、颇有收获、感动或激动。为什么会激动呢？因为阅读者可以从书中学习模仿或联想，而书籍的乐趣往往从这里开始。

举例来说，为什么小说改编的电影总是让读者兴致大失？因为电影呈现的服装、灯光及音效，已被第三人改编，很难符合每个人心中的影像。一旦完全将最自我、私密阅读的乐趣，可视化地暴露出来，就把读者的想象空间及不受限的联想魅力全都消灭了。

在阅读中，读者能控制每一个场景，每一个状况。他的可能性、解读的权力以及他的乐趣能被提升到最高境界。这样的乐趣，不只阅读者可以感受，写作者亦然。那么，何不将这种乐趣推展到极致？

你可以用一个字，一个句子作为开端。整个世界都会张开双臂迎接天才幻想家、梦想家和思想家的所有梦幻及想象。只要一个口号、一个句子、一个粗略的架构——飞行就能开始。

爱好寂寞的读者，可以随意在一本书或一份报纸里指着一个字，如同一个人转动地球仪，再任意碰触地图上的任何一个地点，想象自己正在那里旅行。我们可以看到许多天才儿童都喜欢这么做，常令父母不安的他们不只是一群蹦蹦跳跳的调皮鬼，也是好沉思、忘我、快乐、寂寞的玩家。

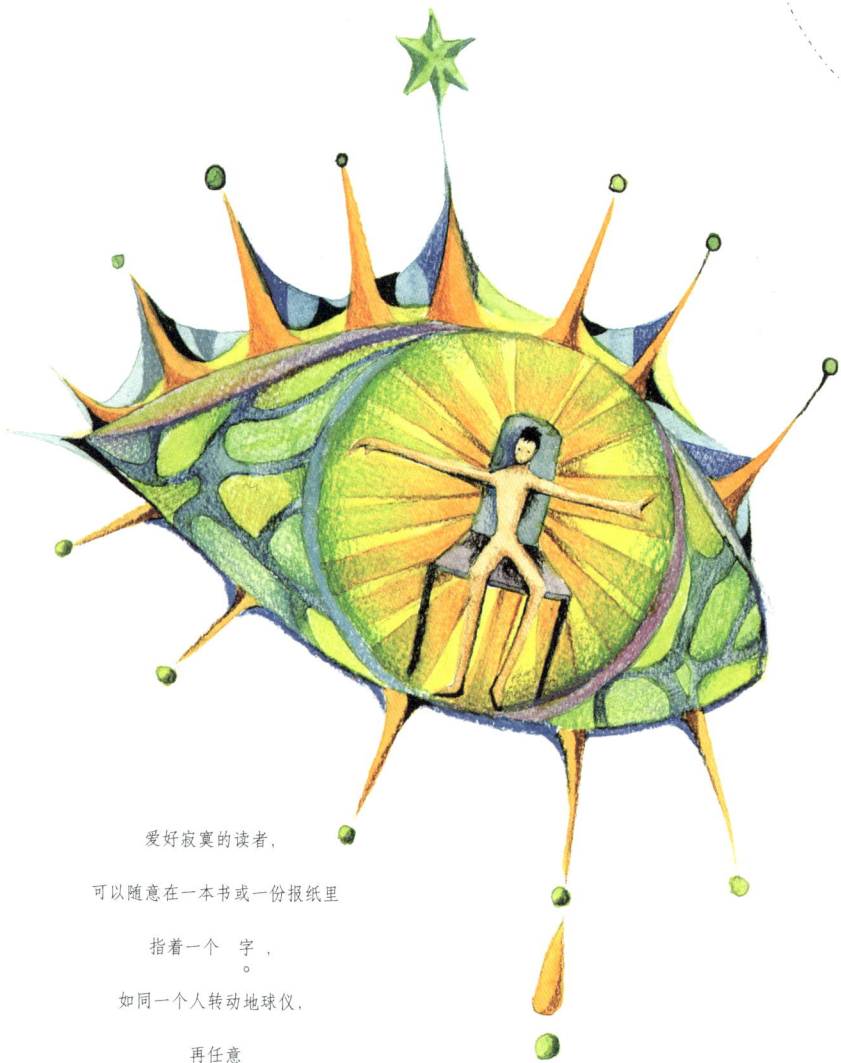

爱好寂寞的读者，

可以随意在一本书或一份报纸里

指着一个　字　，

如同一个人转动地球仪，

再任意

碰触地图上的任何一个　地　点，

想象自己正在那里旅行。

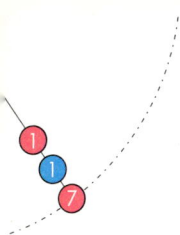

而一个字也能产生无止境的情绪，譬如回忆和希望、恶心和懊悔，感谢和愤怒，平静和色情，呵护和快活。一个字可以让感知变成情感风暴，让想法变成思维串联，每一个都可被内行人拿来制作成电视节目。

我们需要哪些关键词来启动幻想开关呢？只要能够拨动我们心弦的字。它们可以是意象丰富或贫乏的字，微不足道或意味深长，重如泰山或空洞肤浅，有时则是以其中几个字组合而成。如此一来，即使最无害、平凡的词汇，也能变成神奇的象征和比喻。

一个魅力词汇，就有一种情境，若能从中产生一个故事，一个极其个人、私密的故事，那么魔法就成功了。

字有什么功用？无论是在何处读到或自己想出的词汇，它们都可以在一个阴郁的早晨为这一天找出意义，没有东西可以阻碍它展翅高飞。好奇同样可以在词汇间得到满足。

只要你在记忆中搜寻，因这些字或句子想起过去的不快，并检视自己现在如何看待它。失意的人渴望为自己的负面情绪找到出口并找出一个意义，一个字或一个词或许就能办到。寂寞者若是能够轻松、自在、满足地找寻一个字，利用自己的天赋让心情平和愉悦，便能进入大脑里那明亮轻快的思想空间中找一个崭新空间。

停下来阅读与书写，只要你聚精会神地试试，或许你会发现，自己需要的只是停下脚步、一架秋千、一只弹弓、一条运河或一条轨道等丰富词汇的启发。

唯一能训练出高贵心灵的学校

修道院里人来人往，不一定是修道士和修女，其中有不少付费的旅客想寻找些许安宁并沉浸在寂寞中。他们当中有不少人从高中毕业后就再也没有踏入教堂，但是现在他们会在星期天高尔夫球赛前，先参加弥撒。

我认识这样的人，他们会在独自穿越撒哈拉沙漠数日后，第一次主动谈论上帝；我也认识讨厌人类的无神论者，他在几乎无人居住的希腊小岛上住了五周后说："我厌恶人类的想法依然不变，但其他方面可以谈谈。"

一位前往山上小木屋拜访我的老樵夫，喝了三杯酒后，对我说："在这高处总觉得离上帝近了一点。"

为什么全然的信仰要求寂寞？

有许多种解释，从神学家、心理学家、哲学家，甚至历史学家都

各有说法。我们可以从修道士、隐士、苦行僧等例子，以及伟大的宗教创立者——沙漠里的耶稣、菩提树下的佛陀、洞穴里的穆罕默德身上了解，在寂寞中得到自己信仰的事物。

我们通常都将自己过于局限在亲眼所见及亲身经验中。虔诚的寂寞者，反而能够从寂寞的空白中，释放灵魂，得到自由的时间和空间。只要一个等候，所有强迫性的人际交流，就会消失，暂时告别社会和共居，就能将我们解放。

接着，只要等待。很快地，你就能开始沉思，而且没有人会问："怎么啦？你为什么那么安静地坐在那里？"这时候，反而可能觉得自己并不是独自一人了。德国作家摩根施特恩（Christian Morgenstern）有一首诗这样写道：

一只兔子坐在草地上，以为没人看见它。

但有人拿着望远镜，正从对面山上热切地关注这只长耳的小家伙。远处的上帝，也温和沉默地注视着它。

其余从寂寞中而来的，便是安全感及备受呵护感，还有，希望听起来不会太不敬，一种和某人的特定友谊，那人也是很孤单地坐在上面。

寂寞者会有这样的时刻，想对别人说："天啊，这里真好，太棒了！哎呀，谢谢你！"但他能对谁说呢？所以他会从远一点的地方——另一个空间，找倾诉的对象，因此有些人祈祷感谢自己的寂寞，而祈祷不一定得上教堂，双手合十或跪下。

一个法律系学生曾告诉我："当我祈祷时，因寂寞而来的悲伤便消失了。当我祈祷时，我并不孤单。我对某人倾诉，虽然他不回答我，我还是觉得被了解，被好好保护着。"

一个钢琴家说："事实上，这种祈祷整天不自觉地伴随着我。好像你晓得有人一直在那里，有时候我会跟他说话。最好的时间是晚上，我一个人时。这样做，我就能将白天的忙乱重新纳入正轨，将整天处在人群中的情绪，重新整理秩序。然后，我可以平静迎接所有即将来临的事情。"

一个苗圃主人说："我甚至会在晚上一个人、没有其他员工的时候祈祷。孤独对我很重要，这样我会觉得和人有距离，较接近上帝。这让我感觉很独立、自由。"

懂得寂寞的脸庞，闪闪发光

瑞士诗人凯勒 (*Gottfried Keller*) 在1837年写给友人的信中提到："我不明白，为何有些人一直强调精神教养、灵魂，却对独处连最起码的感觉都没有。因为寂寞能使人静观自然、对世界及造物主保持澄澈的信仰意识，并对外界有些许憎恶。我认为，它是唯一能真正训练出高贵心灵的学校。"

前文所说的撒哈拉沙漠、希腊小岛和我的山上小木屋，就是自然的体验将独行者变得更敏感。他们坦然面对体验、急切想知道自己会有何反应、好奇自我的感受和态度。他们等候着来临的事物，也不可避免地和原有世界产生冲突。

世界知名的日本景观设计大师枡野俊明这样谈自然："禅花园以宁静将人包围。它是一个空间，人在其中再度找回人性。对日本人而言，树木和石头皆有灵魂。"枡野俊明在自然中找到"事物的本质"，他不仅是一个景观设计师，也是一名禅僧。

德国心理分析师海宁格 (*Bert Hellinger*) 描述宗教和独处间的紧密关系："宗教的运动是往高处去，往山上爬。在山谷中我们靠近旁人，紧密、亲近，或许也很快乐。往山上爬的人，爬得愈高，愈觉得寂寞，然而他有广阔的视野，比起在山谷中，他有更多的联系、获得更多其他的东西，但不亲密。不像孩子对母亲那样，而是向远方扩展。曾单独、寂寞待在山上的人，当他下山时，他的脸庞将闪闪发光。"

高峰经验能改变人生——需要一个人

我曾经在一本书中读到一段文字：

可惜这已是几年前的事了。

也许那只是一次性的事件，也许它不会再发生。

但是我很感谢曾有过这样的体验。

它只持续了几分钟（至少我这么相信），

但它改变了我的人生。

这样的体验，应该有不少人知道或许也经历过，现在全世界称它为"高峰经验"（peak experience），一种心灵界限的体验，可能是一个人一生中深受感动的时刻。其实它难以命名，也很难描述，不过我还是愿意试试，描述我的高峰经验。

我坐在森林边缘处的一截树根上，望向远方层叠的山峦，在那前面则是丘陵起伏的草地。我独自一人。四周静悄悄的，只有夏日草地和森林边缘的嗡嗡声依稀可闻，仿佛有声的丝绒。

空气在缓慢的暖流中移动，和我的呼吸有着相同的律动。我发现，我的脉搏随着世界跳动。我成了空气，成了嗡嗡声，成了暖流，成了世界。

然后界限解除了，围栏断裂了，堤防溃决了，我流散开了，以一种无法言喻的方式融化。我明明还坐在树根上，但我同时在宇宙里，我成了宇宙的一部分、万物世界的一部分，所有生命、所有事物及所有也许不存在事物的一部分。

我感觉自己在这当下和万物同时存在，已经不是单一事物及个人。我没有任何疑惑，但我得到一个答案，至于是什么问题的答案，这也不重要。

这种 不 寻 常 的体验

何时何地会出现呢？

可以想办法得到这种 微 妙 体验吗？

有什么决窍吗？

显然没有。

不过有一点值得注意：所有曾有过高峰经验的人，当时都是……单独一人！

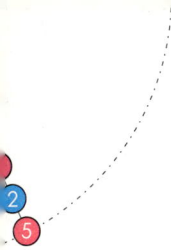

　　我觉得每条蚯蚓和每块苔藓都变成了西伯利亚冰苔原，甚至我觉得自己变成了蚯蚓和苔藓。

　　蚯蚓和苔藓？这样会舒服吗？

　　我想，那是我这辈子有过最舒服的感觉。

　　它限制我，却同时赋予我最大范围的自由。

　　它带我走入义务，却同时解除我所有的束缚。

　　它将我从所有事务中解放，却给我一种日常生活中找不到的安全感。

　　它同时是内在狂喜与和平的最高境界，程度之强，令人疼痛，同一时刻却也痊愈了。

　　那是进入纯粹快乐的解放中。

高峰经验的神奇疗愈

美国人本心理学家马斯洛（*Abraham H. Maslow*）曾对所谓的高峰经验做了多年的研究，访问过不少具有这种经验的人。

在他的描述和说明中总是不断出现"敬畏""喜乐"和"突如其来的极致幸福感"等类似的字眼。其中有些人提到自己认知到"最后的真相"或"所有事物的本质"；也有人说，他们突然间不再恐惧，所有的害怕、绝望及障碍都消失了。

马斯洛在这些人身上发现一种高峰经验的疗愈效果，达到快乐生活的成效。高峰经验开启了生活价值的视觉之窗，拥有这种经验的每一个人都将改变对自己的看法，而对自己及他人的态度都有巨大的改善。

之后他们会想得更深入，变得更谦卑，他们的视野扩展了，感觉敏锐了。他们有较多能力面对更多的敬畏（有些人称之为"上帝"，其他人称之为"世界""自然"或"秩序"），并且比以前更具领悟力，也更宽容。关于自我，他们有能力彻底思考。

经历过这种事件和转变的人绝不是蒙受神恩的有福者，也不是道德崇高者或虔诚的敬畏上帝者，马斯洛认为，心理变态者或罪犯都有可能。

那么这种不寻常的体验何时何地会出现呢？答案可能是大自然中，但也可能在日常生活的任何时候，例如开车时、清理柜子时、在楼梯间、在浴缸泡澡时……

然后呢？可以想办法得到这种微妙的经验吗？可以召唤或强迫它出来吗？有什么诀窍吗？显然没有。不过有一点值得注意：所有曾有过高峰经验的人，当时都是……单独一人！

就算，人们互相仇视，

也被迫在一张床上 共 眠，

寂寞于是在他们之间　流　动 ……

6

偶尔喜欢 人群，
这让我 爱上独处

一个人出席聚会，兴奋刺激

当一个单独出席聚会的客人出现时，你仿佛可以听到空气中传来的耳语："他一定脾气不好。""不懂人情世故的怪咖，光看衣服就知道。""薄唇、眼神饥渴，一定是刻薄的老女人。""被自己吝啬闷死的自私鬼。""难缠的书呆子。""不合群的单身汉，绝对是同性恋。"……

你敢说以上的刻板印象已经不再那么常被提起吗？只有在三流喜剧中，才会被拿来消遣？究竟，快乐的独行者在人们心中有多不合群？首先，他当然很不合群。他宁可待在家里，弹钢琴或陪狗玩，也不要赴烦人的邀约或置身喧嚣嘈杂的派对。

可是，独行者也能出乎意料地合群。当他拒绝四次邀约，接受第五次的约会时，常常能成为聚会中的焦点。他们迷人，活泼，善于倾听，同时是个说故事高手。他们可以和女主人85岁的老母亲闲聊，也能被小孩们喜爱而围绕着。有他在的夜晚，这些小孩比平日更不愿早点上床睡觉了。独行者也懂得对女主人伸出援手，因为一个人住早

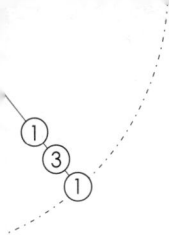

让他们练就全能功夫，即使身为男性也能包办所有的家事。

没有携伴的独行者在每个聚会都能立即融入。他们乐于做点牺牲，幸好只是短暂的时间，他们知道自己不会失去最重要的、单身者的自信。

整场聚会中，没有伴侣责怪的眼光，他们显得容光焕发；没有人会在桌下踢他们的脚，要他们留心自己说的话；他们不必害怕另一半眼神中"你给我回家"的无声威胁，他们高兴什么时候走，就什么时候走。

所以，大家都觉得独行者好有趣。很快地，他惊讶自己又接到其他宾客的邀约。于是，又开始四次拒绝，第五次接受邀请的恶性循环。我有几个独行者好友提供了几招减少受欢迎的小诀窍：

可以找些俗套的借口，拒绝邀请，时间久了，邀约者心里也有数了；如果邀请卡上注明"携伴"，就直接"不携伴"参加，除非他带着自己的杜宾狗前往；在这样的聚会不要做好人，就装作爱发牢骚的讨厌鬼，不是独自闷坐在角落，就是骚扰别人，虽然这种角色独行者总是无法称职演出。

有自信的独行者也许是个怪咖，却很少情绪欠佳。所以，我想未来他们仍会是每个聚会的焦点。

晒恩爱很累，单身赴会最开心

我还记得多年前，曾为了研究调查一个剧本而前往瑞士一个偏僻山谷。当时，我只身到当地一间餐馆吃晚餐。

"就您一个人吗？"侍者语带嘲讽地询问，并手指着一个洗手间前的小桌子，示意我前往。我要重申，这是很久很久以前发生在瑞士一个鸟不生蛋的高地山谷里，现在每一个单独旅行的女性客人，早就受到热忱的款待了。

那顿饭，我让自己吃得津津有味。而我也对侍者那混合了同情和怠慢的态度，采取了报复行动。我点了很多菜，每道菜我都请厨师为我个人作了调整，并请他拿了一些酒给我看，询问那些酿酒葡萄品种的差别，还给了他一笔可观的小费。我做了显然"只有"男人才会有的行为举止。

我的桌子已被杯盘、餐具、保温器和保冷桶全占满了，即使是我后来要求的那张大桌子，也几乎快放不下了。虽然一开始的气氛不佳，但那个晚上结束得非常和谐愉快。除了那名侍者外，女侍者也在我身旁打转，厨师和助手则频频过来询问，菜肴是否合我的口味。

故事听起来很让人诧异，但事实是：快乐的独行者喜欢人们，人

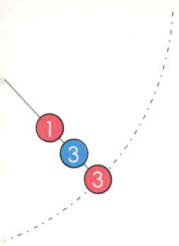

有自信的独行者也许是个 怪 咖，

却很少情绪欠佳。

所以，我想未来他们仍会是

每个聚会的焦点。

们也喜欢他。他知道自己随时能说走就走，回到他的快乐寂寞岛，这使他成为一个不必瞻前顾后、有能力爱人的人。而且不冲突的是，他还是一个中肯的人类观察家。

独行者观察家，总是在聚会中注意到"幸福的伴侣关系"如何被展现。男女主角几乎无法克制一些有意识或无意识的互属标记，例如，一对夫妻在听某人谈论汇差时，妻子会用关怀般的主导性手势，轻轻地为丈夫拂去衣袖上那想象的、不存在的毛球。这个手势传达了三个讯息：第一，我照顾他；第二，我可以这么靠近他；第三，他属于我。

另外，在聚会上独行者也能观察到一种现象：当一方还没来得及和独行者友人或异性朋友说上话时，他的另一半就用狐疑的眼光开始寻找，拉长着脖子，搜寻他所在的位置。

一个女人生命中最快乐的角色，绝对不是她们最光鲜亮丽的角色，而是在她扮演这个角色时，也要感到舒适才算数。

而伴侣关系经常在沉闷的厌烦、难堪的占有欲和潜藏的猜疑中度过。我所说的并不是以柔情温暖彼此的热恋情侣，而是关系稳固的伴侣，那些所谓的幸福关系，往往只是在公开场合给人幸福的印象罢了。

单身女性应该很熟悉以下我所遇到的状况：聚会上，我只是和一个男人谈得开心点，突然间就会挤进一个女人，宣示性地挽住男人的手臂，认真地看着我。最好的情况是，她鼓励地说："你们说你们的，别管我。"最坏的情况是，她忌妒地问："你们在说什么？"而这突然冒出的女人，通常是他的老婆。

我根本没有任何非分之想，只是想谈论一个共同的同事以及他的健康情况。这对黏腻像堵人墙的夫妻站在我面前，顿时令我说不出话来。

而真相就是，成双成对的伴侣们其实需要独行者的存在。因为上述所有微妙信号的共同点就是——他们需要一个第三者，一个会嫉妒或赞叹他们的人；或是一个被告诫单身者要有分寸、单身很悲惨的人，来让他们知晓自己的"幸福关系"。否则这些身体或心理的小动作，都没有任何意义了。

独行者的出现，能让伴侣有机会将第三人当作猎物，或消除自己的不完美，感觉人生的完整。在和另一半争吵后，不断重复问着早已提过多次的问题："我们不是一对梦幻爱侣吗？"殊不知所谓的梦幻爱侣，往往只是那种在婚姻破裂时，带给大家的惊讶多过普通人的离婚夫妻。

虽然快乐伴侣们主要来往的对象，还是其他同样快乐的伴侣，但他们也热爱独行者的陪伴，因为他的存在，可以说是伴侣关系间的绝佳催化剂。因此，他们都很乐意接受寂寞者的骄傲目光和难以捉摸的性格。所以，在这样的夜晚，独行者不论男女都深受欢迎，他们会被人们大献殷勤，还能享受佳肴美酒。

或许伴侣们也会发现，原来一个人出席聚会是如此兴奋刺激、自由自在。

在双人的关系中，你消失自我了吗

最近，我在一场晚餐聚会中看到一个年轻女人的表现，简直不敢相信自己的眼睛。当晚，她完全变了个人似的，丝毫不是我们熟悉的

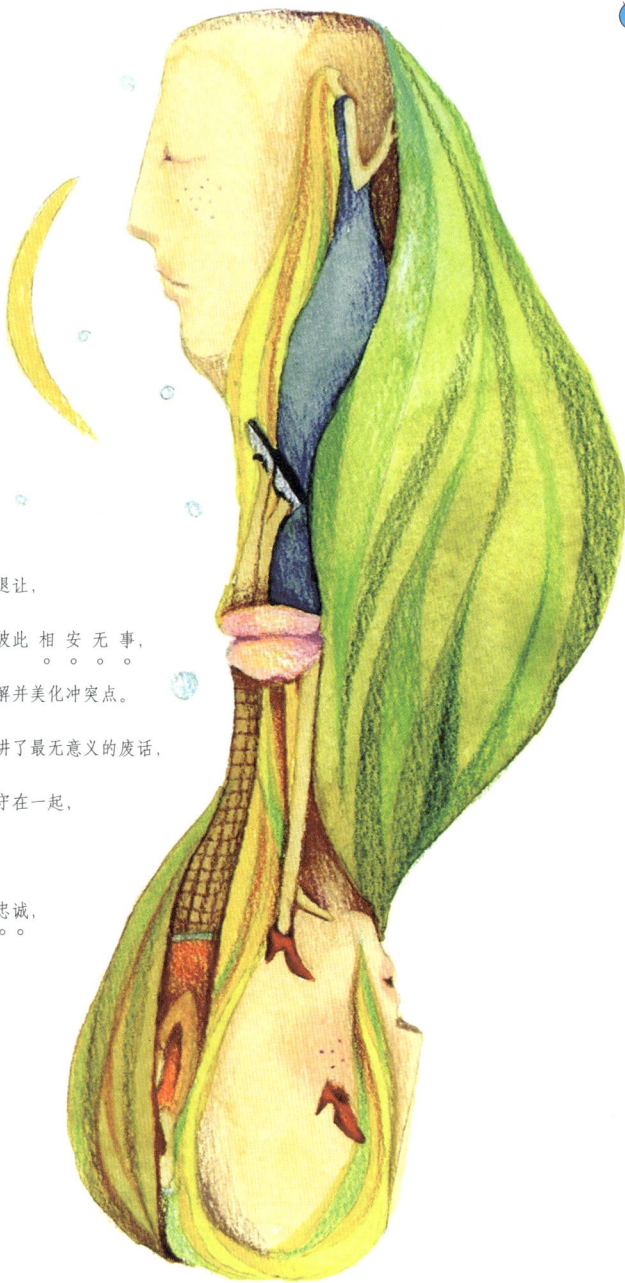

委曲求全的退让，

通常让他们彼此 相 安 无 事，

他们学会缓解并美化冲突点。

即使另一半讲了最无意义的废话，

他们也要坚守在一起，

不过，

这只证明了忠诚，

无法证明爱。

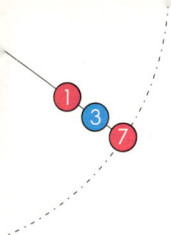

她。没有老公的陪同下，她一个人出席聚会，平常的她总是谦恭安静，当晚却一反常态，变得非常风趣健谈。我们第一次知道，她不只拥有工程师的学位，还会吹萨克斯。而且那晚，她还拿了两次甜点。

所以，开心、微醺的独行者观察家便会开始进行严肃的思考：人在单独出现和成对出现时，举止会完全不同。携伴出现时，并不常有最好的表现。一个人的表现如何、是什么立场，显然也会因那固定的伴侣而决定，极少有人能从中解脱。

当另一半出现时，他们觉得自己有责任为另一半着想，所以他们的音调和举止都会改变。独立个体的身份，似乎因为双人关系而消失了。

而他们根本不会提起和对方度过的假期回忆（伴侣们很少会对细节有相同的看法，他们总是各持己见），通常只需要夸耀另一半，就足以令周围的人受不了，"亲爱的，你说说看你怎么得到网球比赛的冠军"或者"下星期，你不是要在北京见经济部长吗"。

他们无意识或有意识地操纵彼此，为另一半设置一种微妙、间接的权力手段。例如，直到现在仍有不少女人在亲密关系中扮演需要协助的角色，穿大衣时需要被协助，仔细聆听另一半过滤后的观点及意见，只有另一半离开视线时，她们讲电话的音量才会提高。

委曲求全的退让，通常让他们彼此相安无事，他们学会缓解并美化冲突点。即使另一半讲了最无意义的废话，他们也要坚守在一起，不过，这只证明了忠诚，无法证明爱。

而在聚会结束后，独行者观察家终于可以愉快地爬上自己的单人床，没有人会在他的旁边打鼾。

微笑？这些人你都认识吗

我认识一个十岁小女孩，她习惯在上学途中对每个陌生人打招呼。而她挑选的陌生人，通常是上了年纪、独自一人的行人。

每一次那老迈的脸孔，总会亮起惊喜的光芒，冷漠的眼神变得柔和，阴郁的嘴唇也会回以微笑。

某一天，她的母亲看到小女儿的举动后，惊讶地问她是否认识所有的人。"没有。"女孩回答，"但是他们都很高兴。"

来年，女孩和同学每天一起上学，她就再也不和陌生人打招呼了。为什么？"哎，我们老是在聊天，我根本没看到自己碰见了谁。而且我还得跟我同学解释半天，到底为什么要跟陌生人打招呼，反正怎么说，她也听不懂。"

独行者可以随心所欲、自由自在地展现他的友善。没有人可以强迫他，没有任何习俗传统的规范，也没有社会义务的催逼，更没有家庭牵绊的束缚。无需任何询问及辩解，他就能随性地对任何人展开微笑及问候，而展现善意的自由，正是寂寞艺术家的标志之一。

带着单身者的魅力和一点小幽默，他就可以搞定傲慢的门房、安抚紧张的秘书，并把心情不好的出租车司机变成哥们儿。因为糟糕的情绪在面对一个人时会比面对情侣或多人的喋喋不休，消失得更快。在和对方四目相对时，独行者就能将每一个冲突找到最好的解决方法。

没有人会在身边拉着独行者说："算了吧！"没人在他们旁边抢话，或是在面对吹牛者时，抢先用更多的傲慢来响应或直接戳破，有时独行者其实想用另一种方式，来响应对方的傲慢和吹牛的话语。

独行者无拘无束，因为他不必顾虑另一人的想法和感受，不用害怕另一人的意见或批评，也不需要考虑对方是否同意。

自由的想法，就足以让人友善。

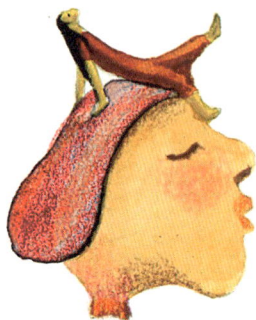

不是调情，而是让一天有好情绪

有一次，我在高速公路遇上塞车。在车阵中，我和隔壁车道的小货车司机不断地超越彼此，我刻意停在他旁边并微微地笑了一下。我们之间总有一人会大胆朝对方瞄一眼，被对方发现后，再同时转开目光。这样来来回回了一小时，但不是异性间的调情，只是一个趣味十足的小游戏。

直到我即将下交流道时，我们才彼此挥手道别。如果我身边坐了一个不信任我的老公，而小货车司机旁边坐着一个嫉妒的老婆，这个游戏还玩得起来吗？

独行者的注意力从来都不受身旁坐着、走着、说着的某个人影响……简言之，没有人可以制约他、要求他，他可以对任何碰到的人开放自己的友善。心思缜密的独行者并不顽固，他大方付出，乐于参与，喜欢奉献，更会心存感激，而且懂得展开微笑。

一个陌生人响应的微笑，足以拯救一整天的情绪，每一个尝试都是值得的。寂寞者在寂寞的空当，都具有浓厚的兴趣思索他人的事，因为他天生喜欢观察人，独处的时间足够他在脑中建构一张人们的图像。或许脑中想象的是个令人厌烦的画面，他也总是用轻蔑的口气谈

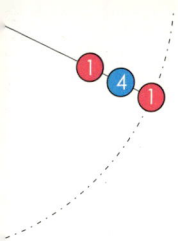

论他避之唯恐不及的人群，但是每个懂得反思的独行者都很清楚：多样性是由众人所组成。

批判性的独行者在区分每个人时，是极为微妙的，他会觉得周围的人富冒险性、独特、不寻常、非常多样，各具色彩。他同时也是目光犀利的人类观察家，他们能看见人们隐藏的事物、内心深渊、黑暗面、矛盾、深层的意义、梦境，和不一致的小地方。

他们之所以要避开人群，是因为难以看出个人的独特性吗？因此，如果他要接触人，通常只能接受单一人士或最小的团体。

当寂寞者离开巢穴，接近人群时，他是有自主选择性的。在最大信赖的外衣下，他致力于保持最大的距离。微笑，便是他的武器与盾牌。他不会在人群中强颜欢笑，而是选择对单独的人微笑，这是他的特权及力量。

如果找到志同道合的人，他可以和对方发展兄弟情谊，他的心会因喜悦而颤抖。然后，不需要过多的言语，他会对自己微笑。对寂寞者而言，这是和他人相处的最高点，然后继续各走各的路。

独行者可以接近所有的人事物，进行所有的冒险，而不必担心结果。满意自己独身状况的人，会随着时间推移变得愈来愈自由开放，一段时间后，自信的寂寞者甚至会出现一种无所顾忌的特质。他不用考虑情人、配偶、邻居的检查、同级社会阶层的恐吓。这种无拘束感，让自由的寂寞者有机会友善地去接近每一个人。

所以，我得提出警告：不要一开始就因为太爱别人，然后放弃寂寞。那实在太可惜了！

喜欢人群，才会更爱独处

许多我们知道且赞扬的道德，必须和他人交流时才能彰显，例如：正直、善良、真诚、忠实和信任，都至少需要两个人来完成；即使是公平、团结等也需要他人的配合。

因此，和世界上其他人保持交流与相依关系是绝对必要、不可或缺的，而这个认知并不阻碍追求独处。有教养的独行者不会嘲笑他人喜好人群的彼此挤迫，同样，一直想和他人作陪的需求也不会令他厌恶。

我在书中鼓吹的也正是与世界交流和自我相处并存的重要，我们应该不断地追求自觉和自愿性的孤独。

在生活中，许多矛盾与冲突的情节往往更具说服力，令人印象深刻，例如嚣张无耻的人，很可能最清楚何谓难堪及得体；自称是无神论者的人，经常像个虔诚教徒般，一字不差地引用《圣经》；把脚搭在桌上的人，经常有最好的家教；乡愁将前往远方国度的出海人化为打动人心的英雄……

在"寂寞"的主题上同样不例外，只有接受与面对反向的冲突，你才会闪烁出耀眼的喜悦光芒，例如当外头人声鼎沸时，独处并不令你感到难过，而是舒适自在，你便能面带微笑，安于人声鼎沸的人群里。

面对对立的两个立场，生活艺术家会宽容兼具地接受它们，同时保有对寂寞的渴望与对社群的追求。夸张一点说，比起心胸狭隘的自私鬼，交际高手更懂得力行高等的寂寞艺术。他理解自己的矛盾，并能与其共存。

一个快乐的生活艺术家可以暂时喜爱人群，因为他晓得自己很快便可离开，回归独处。

一个快乐的生活艺术家可以 暂 时 喜 爱 人群，

因为他晓得自己很快便可离开，

回归独处。

孤独艺术家，随时转换寂寞与交流

在我孩提时期，强大的安全感，就来自"独处"和"晓得还有其他人陪伴"这两个想法。当我躺在黑漆漆的小孩房里，看着客厅明亮的灯光从我房门下透出，我就能感到安心；或者宴客时，听着父母亲和客人的模糊交谈声和杯子碰撞声，有时候，母亲会悄悄走进来看我是否睡了，我总是高兴地装睡。

有一次，我参加一个并不熟悉的天主教礼拜仪式，当人们在仪式接近尾声时，会对四周的人伸出手来（互祝平安），一开始我有些惊讶，但之后我觉得棒极了，所以我不只伸出手，而且非常真诚地和对方握手。

家中有聚会时，当我独自待在厨房片刻，听着客人们在餐厅讲话、喊叫及大笑时，我的内心会充满温暖和感动；没有受邀参与家族活动的时候，我从来不觉得自己被排挤，反而感到一种惬意的脱离。

有时候独自在起雾的寒气中滑雪或健行，我心中会暗自期待晚上在小木屋时，又可以和其他人开心地挤在一起，独自的旅程就会感到欣慰。

独处时，我会享受寂寞；走入人群时，我就分享温度与感受。

又寂寞又合群的生活高手

多数人都有过极度入迷、忘我的经验。当我入迷时，我会随着音乐的旋律一起拍手，甚至摇摆身体，虽然我很少这样，不过至少有过两次类似的经验。不管你想不想，你就是会不自觉地跟着喝彩。

当足球场中六万人响起飓风狂啸似的鼓噪声，或同时发出有如巨人般的嘶喊声，便会启动我脑中的惊惧与狂想。当许多人都有同样的感受时，它便会感动、撼动每个人；做礼拜时同样的虔诚信仰；十月啤酒节时，在啤酒棚内同样的疯狂；摇滚音乐会里，同样的狂野；柏林围墙倒塌时，同样的狂喜；戴安娜王妃的出葬行列旁，同样的歇斯底里……人们任自己沉沦于集体买醉的情绪中。

忘我入迷是一种传染的情绪，还好独行者可以适时从中脱身。

当然众人狂欢多半是为了自己，胜过为了啤酒或摇滚节奏而庆祝。只有在少数情况下，他们才能以独行者特质及个人化的力量，对抗这种大规模的传染病。他们为了拯救自己特殊的自我及宝贵的独有性，必须吞下苦口的寂寞良药。

自诩冷眼洞悉世间事物的人和爱凑热闹者相反，不过也好不到哪里去。他通常会皱起眉头，扬起一边的眉毛，双臂交叉，面无表情地坐着，只为了不和别人瞎扯。通常他表现出的旁观者姿态，其实只是要掩饰他因感动而竖起的毛发。

因此，经验老到的独行者可以指导你如何建立短暂的友好关系。在演唱会开始前，不妨对不认识的邻座同好露出会心一笑。毕竟接下来的几个钟头，你们将有相同的享受，而且你晓得这短暂的关系，并不至于非让你们勉为其难地结为莫逆之交。

分享快乐当然也要分担不愉快的情绪。即使度过了糟糕的一晚，还是得在下着雨、灰蒙蒙的清晨搭乘地铁，我们仍应对邻座释出善意，毕竟他也是早起的上班族，同样心情欠佳。群居便是如此被塑造并且彼此需要，所以你才会听到酒吧的老主顾们，总在那里大发牢骚。

知名专栏评论家班·史坦（Ben Stein）曾在《纽约时报》撰文建议："搭飞机时，和你的同机者做朋友，尤其是你前方和后方座位的人。如果在你后面的家伙开始踢你座椅时，你可以利用刚建立的友谊，请他停止这么做；你也要和前面的人称兄道弟，如果他将座椅往后调到你的大腿上时，你可以拜托他将座椅调直一点，通常他会微笑照办。"

如果一个想要寂寞和宁静的人，却碰到必须面对人群的时刻，就应该暂时抛开独行者的身份，尽力加入他人。唯有能掌握两种状况的独行者，才是孤独的专家，同时也是与人群打成一片的高手。

我们的生活艺术应该不仅将独处视为"生活唯一的可能"，而是细心调适、审慎抉择，然后愉快经营。

假如这一切听起来过于温和、退让，我很愿意节选哲学家萧沆所说的话："只有希望独处的时刻才是最重要的。它们是如此强烈，让人宁可对着自己的脑袋开枪，也不愿和他人交谈。"

依偎，因独眠而更贴紧

日本最近推出一款枕头，形状是一仅男人的手臂，可以围住脖子或调整成其他姿势。枕头里塞满了羊毛填充物，既没有二头肌也没有手毛。不过这项温暖的产品，一上市立即销售一空。

为什么提到这个呢？

因为有一个朋友曾说："如果没有男人温暖的身体可倚靠，我会睡不着。"她已经结婚多年，这番话其实不像听起来那般带有情色意味。

这个例子，正好解析了有一种老派寂寞者（这里主要指女人）的基本渴望便是依偎。她们认为白天应该有肩膀可倚靠，傍晚在火炉前互相贴紧，晚上的背景就换成沙发，而夜晚时当然就是盖着一条棉被温存。

不过，我正好相反，没人在旁边我才睡得着。一个热爱寂寞的人自有他的办法，他可以在客厅的沙发、客房内，让自己独自在宽敞的床上度过美丽夜晚。这绝不是侮辱任何人，独行者和伴侣间彼此有默契。

德国诗人里尔克不仅喜欢一个人睡，还曾在一首诗中诉说着双人床间流转的心灵创伤：

孤独宛若一阵雨

自海面涌出，朝黑夜行去

从偏远的平地

走往寂寥的天际

继而，自天上落入凡间

在淅沥雨声中，时间化为阴阳合体

若在晨曦中，在所有巷弄里打转

除却肉体，一无所得

徒留失望与悲伤给彼此

即使人们互相憎恶

也只能被迫同床共枕

寂寞于是在他们之间流动……

同床共枕是一场冒险与试炼

什么原因让一个可疑的独行者成为坚定的独眠者？

是他怀疑枕边人并非善类？是外遇的一方，害怕在睡梦中不小心说出情人的名字？还是不安的人，只肯让另一半看到自己光鲜亮丽的一面？

答案其实很无趣：只是因为睡眠对某些人而言是神圣不可侵犯的。我承认自己就是睡眠至上的信徒，睡眠对我很重要，因此我尽可能不让任何人破坏它。可以说，我就是睡眠的隐士，床铺的独占者，像英国女王一样，拥有完全自我的睡眠空间。

其他人可能觉得独自入眠的人很可怜，夜晚时没人陪伴，同情他们只能孤单拥被而眠。其实，他们这么做只有一个目的：舒舒服服地沉睡。

那么双人床到底有什么魅力呢？

在这种情况下，大家总会回答："体温。"不可否认，在肚子痛或者暴风雪肆虐时，温度令人感到慰藉。人们在这样的夜晚，不断地感受到丰盈满足的贴近、温暖及安全感。但是在最温和的气候下以及没有痛楚的时候，"慰藉的体温"很快就变成黏糊糊的热气。

相爱的两个人在夜里几小时甚至整夜，都会警觉着另一半的行动，尤其以浅眠者为甚，只要一个人翻身，另一个人被吵醒，也会跟着翻身。

如果对被子或睡床空间的分配，开始有点理智的小战争时，又会如何？当然一开始，双方都会克制自己，谁都不愿承认自己又被吵醒了，可是又不自觉地希望自己有对嘈杂声免疫的能力。即使在这种"温暖慰藉"的时候，人们还是有他们的内在渴望。

而双人床以外的事物，有时也是争议的肇因，像是恼人的灯光、空气等问题。这时如果缺乏肢体接触的成分，情况便会加剧，也就是第二种共眠方式：同一个房间，但分睡两张单人床。

最好避免这种共眠方式，因为它有睡眠空间局限的所有缺点，却没有身体亲密接触的优点。争执来自基本需求问题，例如窗户要开还是关，这个问题经常引发彼此的辱骂。

在床上阅读也是一个问题，难不成总是要听另一半的决定，关掉自己的床头灯吗？尤其当你读到精彩的段落时，或是刚好读到法国小说家巴尔扎克 (Honore de Balzac) 所写："全世界有哪一个男人在睡觉时，确实知道自己怎么样、做了什么的吗？"

虽然和对方隔了一张单人床，却仍在视线及听力范围内，你可能还会观察甚至偷听熟睡的另一半从流着口水的嘴角吐出了什么梦话。这是一种棘手的冒险，你必须拥有过度的自信，接受有缺陷的审美观或一个随着时间凋萎、让一切都变得无所谓的伴侣关系。

太靠近对方，甚至靠着他的背睡，就等着被另一半熟睡

孤独宛若 一 阵 雨
　　。 。 。

自海面涌出，朝黑夜行去

从偏远的平地

走往寂寥的天际

继而，自天上落入 凡 间
　　　　　　　。 。 。 。

在淅沥雨声中，时间化为阴阳合体

若在晨曦中，在所有巷弄里打转

除却肉体，一无所得

徒留 失 望与悲 伤 给彼此
　　 。 　 。 　 。

即使人们互相憎恶

也只能被迫同床共枕

寂寞于是在他们之间流动……

时的表情给惊吓。巴尔扎克继续写着："有些人睡得一副精神丰富的样子，有些人则睡得一脸蠢相。"他这么形容："他们张着口睡觉，看起来傻到不行。"

不过，如果隔了一两间房间的距离，就没有这种困扰了。"退后一步，你会有更好的视野。"关于人生的种种问题，心理治疗师们喜欢这么建议。

所以只剩下一种可能：分房睡！虽然分房睡对许多人来说是不适合的选项，因为他们会不安于无法控制对方的行动。坦白说，你永远不会晓得自己睡着时，另一个人是否蹑手蹑脚地出走，就此跑到南美洲，不再回来。

而且这种方式也会碰到如何和周遭的人解释为什么这么做的理由。分桌、分床，总表示是最糟糕的状况，即使是事先说好的协议，而非两个人打架的结果。

可是，只在晚上分开几小时，往往就有小别胜新婚的感觉。暂时的寂寞能激起思慕的火花，耳朵旁没人打呼噜会让你回想起甜蜜的时刻，而美梦不会被放在你颈动脉上的手臂打断。

最后再提一下巴尔扎克，他说："夫妻分房，不是离婚，就是知道了如何找到幸福。他们不是互相憎恨，就是互相爱慕。"我们暂时找不到理由，让我们必须和厌恶的人同住一个屋檐下，所以选择独睡的伴侣们，当然只剩下互相爱慕者。他们的早晨时光不只"有虫吃"，更有隔壁的爱人可抱，而且是在他们真正睡够的时候。

享受着距离，但床上感到寂寞

如果隔壁没人睡呢？爱人远在他乡、住院、派驻国外，反正不是想见就能见的时候，该怎么办？

心怀爱意去思念一个暂时不在身边的人，也有它的魅力。众所周知，距离可让恋情加温，而且适用于周末婚姻和远距离的伴侣关系，地下情侣们也享受着这种以远代近的距离刺激。

当你享受着距离，但在床上感到寂寞时又该怎么办呢？

为了写这本书，我曾在一个工地访谈一群有趣的年轻人，我问他们："如果你们觉得寂寞时，怎么办？"他们惊吓了数秒后，半数的人扑哧笑出了声，其他的人则面红耳赤。

这没什么，百分之一百二十的男人和百分之一百的女人会自慰（这是性学医师们估计的黑暗数字），而这统计并不特别夸张。

伍迪·艾伦（Woody Allen）曾说，他最想和一个他真正爱的人做爱，那个人就是伍迪·艾伦。当然所有人，包括伍迪·艾伦在内，都晓得被他人抚摸属于人类的美妙幸福。那些抬高肩膀和眉毛、手臂贴紧身体、穿过人群时避免和他人有任何碰触的人，其实常有一种身体接触的秘密渴求。这不见得和性有关。养老院的看护者只要把一只小狗、一只猫或一只兔子放到老人怀里，老人家立即会从忧郁和痴呆中醒来，手抚摸着动物，眼睛闪着快乐的光芒。

放在肩上的手臂或握着另一人的手，两人头靠着头，这对皮肤及心灵来说都是舒畅的时刻。所以，各式各样的按摩、精油疗程、药草浴和舞蹈等舒压活动，都是经由摸和被摸而获得效果。也可以说，手指尖就可以碰触到内心。

一对爱侣，不管是几小时的分开，彼此都是对方一个值得追求、最引人注意的目标。只是不需要不择手段。若是在一起只是为了取代别的东西，想逃避或填补，作为提升自我价值感的方式，那么这种结合方式实在太可惜了。

谁能坦然接受最后道别的痛苦，
　　　　　就能免于寂寞的折磨；

谁能不断体认生命的界限，
　　　　　便能将寂寞视为美好生活的一部分；

谁能赞同独处的最后形式，
　　　　他那单独存在的阴暗角落就会　发　光　……

1

爱上 寂寞，
让人有魅力

开心做伴，但能不能先别说话

一开始，我要快速讲一个让自己感到脸红的故事，然后我就可以松口气了。我不能不提这个故事，因为它告诉我们，滔滔不绝地讲个不停，会对独行者造成什么影响。

几年前，我认识了一个来自瑞士山村、沉默寡言的农夫之子，我想带他去看他从未见过的海洋。所以，我们开车行经滨海阿尔卑斯山脉南部，转了一个弯之后，利古里亚海（*Mar Ligure*，地中海的一部分）就静静地出现在我们眼前，那一天，海显得特别璀璨耀眼。

下了车，往下一看，我不禁欢呼着，仿佛我是这片绝世美景的创造者，他也相当激动。彼此礼貌性地沉默几秒钟后，我忍不住说："怎样？你喜欢吗？很棒吧？你觉得如何？你说嘛！"

他没有将视线从地平线移开，只用微弱的气息说："你能不能先不要讲话？"顿时，我羞愧得想找个地洞钻。

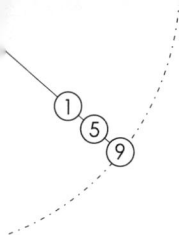

在宁静的当下，喋喋不休有如一场灾难。

不过我们要懂得区分，并非所有的沉默者都是独行者，也不是所有的独行者都很沉默，现实情况常常恰好相反。

一个我结识多年的年轻小伙子，总是独来独往。他最擅长的就是将电影或电视剧剧情，从头到尾讲一遍。即使我们都已看过，或是请他别扫兴了，他依然如此。老爱将别人的私事，拿来当作聊天八卦的题材。

有些独行者，也常是疑心病患者，可以连着几小时事无巨细地叙述自己的病征，并要求医生给予建议及医嘱，而顽固的他们从来不会遵守。

还有一种独行者，习惯在家里自言自语，谈论的倒不是什么令人担心的事。例如，敲东西时没敲到钉子却敲到手指，他会丢开铁锤大

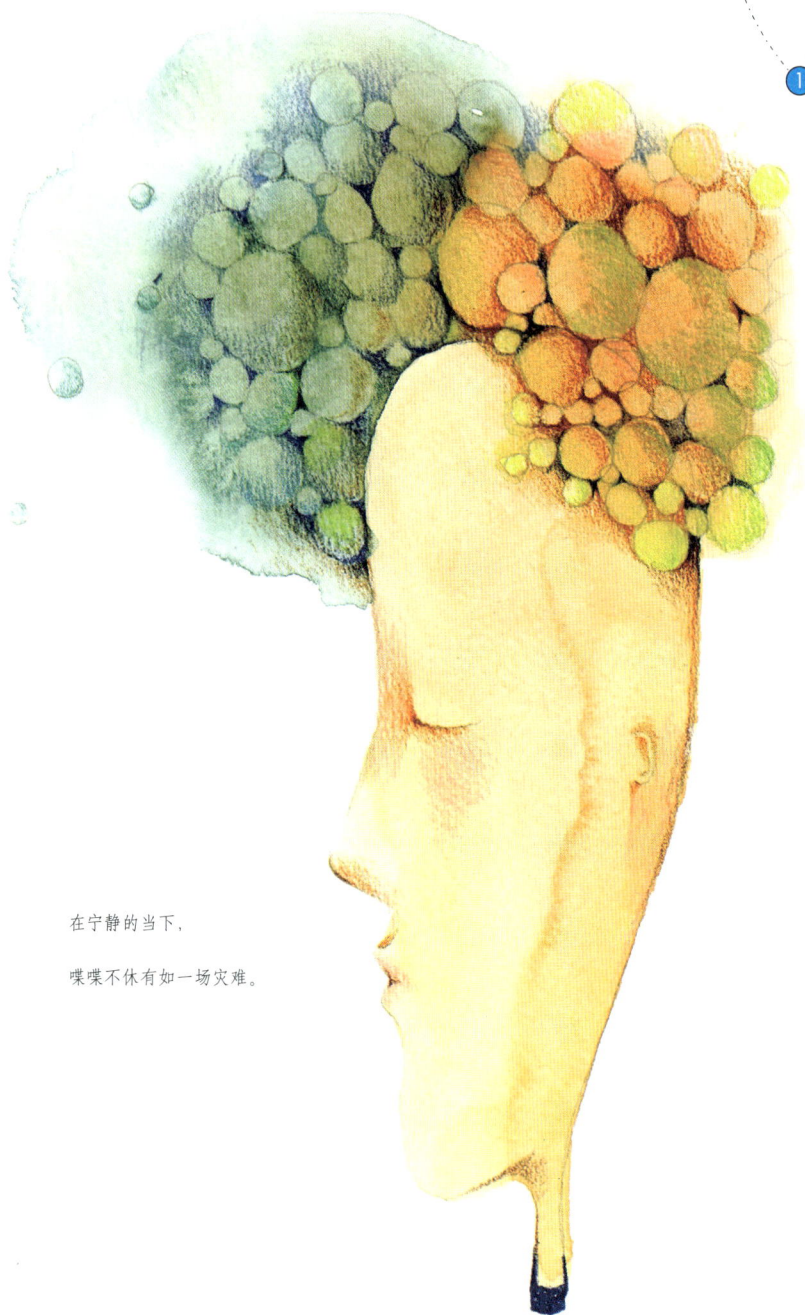

在宁静的当下，

喋喋不休有如一场灾难。

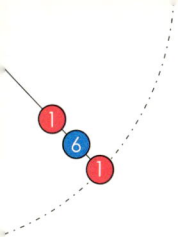

声诅咒；挂掉电话后，忍不住大骂"白痴""笨女人"或"大嘴巴"来发泄怒气……这些行为都无妨，也不用觉得奇怪，反正没人听见。

但是，若那些痛楚声、诅咒及辱骂的自言自语演变成一种独白，就得好好注意了。在这种时候，我建议将它变成内在的独白，一种和自己进行无声争论的方式。这样做，多半会为你带来出乎意料的明智观点，鼓动你尝试新事物并让一切回归安宁。

客满的餐厅中，如何独处

有些独行者无法克制自己对朋友或敌人的音量，或是忍不住自言自语，这时在车内用免提听筒对讲机是一项好选择，一个免提听筒可以让他以激动的口形和手势大发牢骚，却不会让其他人觉得格外怪异。

但是如果必须在一个狭隘空间内，面对一个话匣子呢？例如，在火车或飞机上，你可以戴上耳机，如果有陌生邻座作势攀谈，你可以表示遗憾地指着耳机。

可是若在酒吧里，有人积极地问这里是否还有空位呢，和别人共乘波音777还可以接受，但和人共享一张桌子，许多独行者可就无法容忍了。于是，自主的独行者要有点任性，这是寂寞者拥有的美好自由之一。

不想和陌生人分享共餐的亲密体验时，该怎么办？进了餐馆，独行者通常会要求一张单独的桌子，却又得随时担心有陌生人加入。毕竟很少人在用餐时，会想听其他人闲扯，虽然人家并不是对你说，但也是一件难以忍受的事。好像只有冷酷的硬汉，会拿起餐盘，起身换到别桌坐。

所以，单独一人或破例两人同行时，该如何保住自己的桌子？

一旦有客人向前询问："旁边有人坐吗？"你一定感到沮丧万分，毕竟你的肢体语言已充分表达想独占领域的需求。你会无所顾忌地伸展自己，占据大范围的空间，在桌上架开手肘或伸长手越过桌面拿盐罐，把外套挂在旁边的空椅上，把笨重的高尔夫球袋或背包放在身边，随意将个人用品如香烟盒、眼镜、打火机散放在桌上。

如果有朋友在场，你可以展开双臂尽力展示自己钓到多大一条鱼，或表现自己最喜欢的狗刨式游法。吓阻来者更好的方法是带着一只狗，最好还是大型犬，绝对没有任何空间伸展双腿，桌上则是摊开的建筑设计图或地图。

如果还是有不识相者接近我们的私人氛围，就得运用微妙的肢体语言，这时候便得粗野一点，例如大声地和同伴争辩错误的意识形态、作势动粗，也许可以试着摔破一个玻璃杯。

这时候，要特别注意不能有任何犯错的机会，小心每一次的四目交接，可能减弱你的气势，让原本迟疑的客人有机可乘。

若是以上方法完全没效，那么自信十足的独行者只好认命，让出空位。不过这可能会让你碰上一段美好的缘分，甚至就此展开终生的友谊。

请不要强迫我接受你的安慰

别人的善意对独行者而言，通常是难以承受的，要躲避它的唯一方法就是提早发现。不过，这并不容易做到，因为慰问者通常会在他认为有人需要安慰的状况下，以和善的方式靠近。

我们要特别注意，慰问者很容易就越界了。一旦碰触到他们的小指头，被短暂的感激之情冲昏头，他们就会抓住你整只手，然后同理心便成了一场灾难。被骚扰者一定要及时警觉，只要看出事前征兆，其余的就简单多了。

德国浪漫时期作家尚·保罗（Jean Paul）说得很贴切："情感丰富者，用感情线将所有人团团缠绕，结果带来伤害。"

对付无法接受的侵犯，在不得已的时候，也只能请求对方："请别打扰我！"

虽然噙着泪，但我仍想当个独斗者

先说一个小故事：一位墓园的园丁认为自己有必要安慰刚下葬者的亲人，便说："如果他往上看，看到坟墓上的玫瑰会很开心的。"结果女儿再也克制不住自己的情绪，悲伤变成歇斯底里的狂笑，母亲则又再度号啕大哭；而在母亲相继过世后，失去双亲的女儿在面包店结账时，发现面包纸袋里多了一个老板娘主动给的核桃牛角面包……

故事里的同情哀悼、核桃牛角面包、温暖支持、尴尬的眼神，以及对于你在欢聚节日如圣诞节或除夕夜要一个人度过时的同情……在我们的情感中，能容许多少他人的怜悯呢？伤心激动的慰问者，在表达怜悯时也期望着对方的回答、反应，还有感激。他的慰问有点像参加了女王的花园派对，提升自己的社会地位，借此机会融入陌生人。患难中的结义，仿佛为他带来高声望。

以前那些惯有的仪式化、冷冰冰的哀悼表达方式已成为过去。现在注重的是亲密感，"真诚的""切身的""由衷的"，而这些情绪，反而让人感到痛苦，想从他们慰问行为中抽身。那些慰问者，当然没那么痛苦了，因为他们积极表达怜悯，肯定自我感觉良好。

直接参与他人的喜乐痛苦，是一种社会允许的强迫行为。就像葬礼时总会有许多人来吊唁。对于"痛苦分担后，就能减少一半"这种主张的捍卫者，我们很愿意提供另一种形式的互动方式——有效的临时解决法，例如递上一碗热乎乎的蔬菜汤，给予支持；或舒适得体地"祈祷"，请自己单独打扰亲爱的上帝。

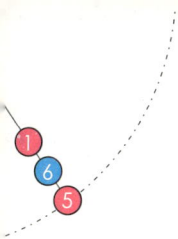

过分亲近地参与他人的精神状态，并不仅止于在墓边。例如"你好吗""好吃吗""怎么样""你笑什么，说来听听"，这些都是开心的情感参与者最寻常的问话。这些扰人的参与者，喜欢取得他们在别人喜悦、忧伤、走霉运及谈恋爱上的分量。他们喜欢感染别人的欢笑、哈欠、哭泣及欢呼，而每种众人的歇斯底里皆开始于简单的情绪。

有时候，他们并不知道，有些人虽然噙着泪水，却只想以独斗者的姿态前进。好参与者有一种过度殷勤的肆无忌惮，总想探人隐私。如果他问一个画家，对自己运笔的感觉如何，画家就一定得回答；或是他问一个女作家如何写出如此贴近生活的作品，同样让对方大感压迫，难道她得照实回答，数钱常常带给她灵感？所以，有些不想说出内心话的人就得被迫说谎了。

好参与者，其实无所不在，例如好事的旁观者在赌徒旁边走动，随着室内的紧张气氛而激动；没有小孩的女人对每台婴儿车弯腰，企图抓住一丝丝的快乐；出于对工作的渴念，退休者会在篱笆洞旁逗留，感染他人的勤奋。

是真的分享乐趣、分担情绪，还是制造更多的负担？对独行者而言，只有在真正得到别人帮忙减轻负担，像是拖运啤酒箱时，才能勉强接受。

不怕寂寞，才找得到对的另一半

对于许多人来说，拥有崇拜者（不止仰慕，是更进一步的崇拜）是一种虚荣的满足。例如你总会听到："真想有个崇拜者，什么愿望我都能满足他。""如果有人对她这么有兴趣，她应该高兴得要命才对。""你疯了吗？还有什么比拥有一个崇拜者更棒、更让人感到虚荣的。"

不过，对独行者（男女皆然）而言，崇拜者是作为仰慕者中最糟糕的一种形式。他们宁可说："谢谢你，但我不喜欢。"即使被手套痛打脸颊，也不要听到那感伤的"萝丝玛丽，七年来我的心一直对你呐喊，但你从未听见"。〔译按：出自德国作家隆斯（Hermann Lons）的《夜歌》短诗。〕

在德国诗人席勒（Johann Christoph Friedrich von Schiller）的叙事诗中，视死如归的贵族男子，受到美丽仕女柯妮古德的示爱，却依然表现得无动于衷，这让他更具吸引力。（译按：在进行猛兽打斗的竞技场中，柯妮古德故意让手套掉入竞技场内，并要求追求她多年的骑士德洛吉捡回，德洛吉立即跳入竞技场内捡回手套。正当柯妮古德想对德洛吉回报爱意，他却直接把手套扔在她的脸上离开。）

为什么仰慕只要一扯上崇拜就会风云变色？这些追随者总让人联想到笨拙迟钝的雄鸽和毫无魅力的摇摆公鹅。他们的努力与狂热，让被崇拜的人身不由己地成为无法拒绝的女神。

崇拜者是"无理要求"的拟人化身，他取代了心、抗拒及礼仪规则，打破人对浪漫的憧憬，放肆地让泪水溃堤。他执迷不悟的思慕不断缠绕着对方，为了将这样的思慕保持下去，他自愿坠入洞穴，在挣不开的死结中逐渐腐烂。

被崇拜者在毫无反击的状况下抓住最细的稻草，有人为了终结崇拜者的纠缠行为，买了电话录音机，听他放弃的叹息声和失望地挂上听筒声；有人则假装是出柜的女同性恋者或索性戴上婚戒。

先当快乐的寂寞者，对的人会现身

崇拜者会在无意中做出一些事情，导致他们永远无法进入被崇拜者的世界，例如：透露自己的爱意，姿态之低，仿佛连在糕饼店指着想买的蛋糕时，都会退缩，最后却一无所获地离开，感情细腻又脆弱！

抑或是缺乏现实感、一厢情愿地追求，把从经典文学作品中学到的一些皮毛用来卖弄风情。如果两人不幸作伴了，崇拜者会提出种种对于偶像的要求，例如无法忍受她讲粗话；要求看他时要目不斜视；不要自己打毛衣，因为她是女神；也不准抽烟，因为会影响健康。偶像完全无法自在过活，因为崇拜者从来不肯让步。

另一方面，他却将一切事物尽可能地单纯化了，对于偶像前所未见的愚昧，他会视为"未受文化约束"；对方的极度不悦，他当成"诚实坦白"；一个市侩女在他眼中则是"道德标准坚定"。一方面是要求甚严的掌控者，另一方面却是过于单纯的天真，长久下来，谁受得了呢！而且一个长期屈膝的男人，远不及一个暂时被迫下跪的男人来得有魅力。

幸好，崇拜者除了从盲目倾慕中找到生命的意义，不会给任何人带来不良后果，像是自杀。他们在希望和绝望间摇摆的炽热，虽然以小丑之姿展现，还是给予他们一个巨大的自由空间。

疲惫的被崇拜者只要破例满足一次崇拜者，她的自由空间就丧失了一点，被期盼的全是无法预期的反应，对两人而言都是过度的要求。例如在电影院，崇拜者看的从来都不是银幕，而是她的表情；或是喜欢紧盯着她的嘴唇，虽然她一开口说话最多只是恼怒的口气：你的耳朵有问题吗？我的齿缝有粘东西吗？

　　此外，崇拜者通常身体都有点毛病，你总会从他寄来的诗词中发现他的病痛。他们的爱无情且自私，是一种无休止的折磨。披着羊皮的狼，令人烦扰，纵然在人类的爱情世界里，也还是一匹狡狯的狼。

　　所以对付讨厌的崇拜，除了像里尔克建议的"就像看待陌生人的牙痛"之外，别无他法？真的无法甩掉他吗？

　　如果你不喜欢寂寞，就没办法；如果你愿意忍耐任何一个讨厌鬼，只为了不要一个人的话，就不行；如果有伴侣是你人生唯一的目标，也不行；如果你还没有改当独行者的打算，同样不行；如果你还没体认到"未来要先保持安全距离，确实找到你愿意共处的人"，那真的一点办法也没有了。

　　而如果你愿意接受寂寞，先做一个快乐的独行者，再追求自己适合的另一半，说不定这里头就有个爱慕者突然开始崇拜你了。

去墓园待上二十分钟

　　爱抱怨的寂寞者，早就因为他的牢骚而吓走了一大半的朋友。很少人有耐心可以"参与"他人的绝望超过二十分钟，人人总会找个蹩脚的借口开溜。除非你付钱找心理治疗师、调酒师或出租车司机，如此一来，还是能找到几个愿意给予同情和建议的慰藉者。

　　关于如何排遣寂寞，我们谈得够多了，例如走入人群、加入运动团体、参加单身联谊、报名舞蹈课程……如果是女生，就买张足球门票，还能成为六万个男人中唯一的女性；如果是男生，可以去上一下小区大学里"月亮如何影响我的经前症候群"课程，大概就能成为年轻女人堆中唯一的男性。

　　不过，未来我们要改变看待寂寞的角度。对于寂寞，我们应该"亲切问候"。我推荐一个特别的场所，可以提供喜好深思的寂寞高手享受独处乐趣，那就是墓园。

　　在那里，夏天绿树成荫，冬天路上干净无比，对于老妇人来说，是极易行走的道路，她们有如在白色山丘内移动的黑乌鸦。而让寂寞者觉得反胃的幸福伴侣也很少出现，在这里出现的多半是上了年纪的伴侣，不过他们绝不会手牵着手走来，因为他们得拖着浇水壶，走过满是石楠花的小径。

　　哲学家萧沆认为，忧郁也能变成一种相对性的喜悦，只要你懂得使用它。"如果我碰到正处于人生低潮期的朋友，我通常只给他们一个建议：去墓园待上二十分钟。然后你会发现，你的烦恼虽然没有消失，却差不多被你忘记而且跨越了。墓园就是这样一个地方，可以帮你上一堂智慧的课！我总是使用并推荐这种方式，虽然这个建议不见得给人正经的感觉，实际上却相当有效。"

可是这个方法不只有效，也绝对正经，现代心理学家也证实了这一点。

在这里体会寂寞，你会神采飞扬

无论是哭泣中还是已经获得满足的寂寞者，总是沉浸在他们的思绪中。他们最喜爱的思考主题之一，就是死亡。"记住，你必将死亡！"（Memento mori!）我们不需再以这句拉丁语提醒寂寞者，何不直接将他们送到那里，让他们面对自己最爱的思索题材呢？

人们总认为，在墓园中有着寂寞最可怕的形式。地下的死者孤单至极，有些甚至是迷失的灵魂，有些也许已被神遗弃，真相如何我们无从得知。唯一确定的是，悲伤的家人全"被遗弃"了。所以，每个人从自己的角度来看，死亡都是一件相当寂寞的事，即使有些宗教不这么认为。

然而，在墓园里能改变你的视野、看透许多事情，如果你能认真

带着

神秘色彩
○　○　○　○
及

独特魅力的独行者，
○　○　○　○
选择自己走着

寂寞的路线
○　○　○　○　○

看待这样的想法，或许失和、离婚、家庭冲突、诉讼便能减少，有可能连杀人案件也会减少。

自发性的墓园造访者，常常对死者产生一股温暖的情感。那里有人在喃喃自语吗？有另一个人在他耳边说话吗？死者在和他讲话吗？他们在墓碑之间也会陷入沉思：总有一天自己也会成为躺在这里的一位。他会想到，原来自己和死者的共同性其实是最广泛的共同性，向来厌恶共同性的他，却非常喜爱这种共同性。

在墓园，孤独者是最不孤独的。未来相同的命运，让人有休戚与共之感。躺在这里的许多沉默的兄弟姐妹，对他而言，不也是一种家人？这让造访者顿时有全然的安全感。他的兄弟姐妹们，静静地，毫不聒噪，不会催逼他，更不会给予不必要的同情。他们只是先走一步，等待着，静静地，极有耐心。

黑塞在他那首和逝者有关的诗作《单独》（*Allein*）中写道：

大地上，

阡陌纵横，

而所有道路，

却全通往相同终点。

你可骑马，也可驾车，

三三两两，

但你终须独步前行。

因此，任何领悟或才能反不如独力承担，

一切沉重的任务。

在一座慕尼黑的墓园里，我和一个坐在长凳上的弦乐手聊天，他对我摇摇手中的瓶子。"我不再吃东西了，"他说，"一个人吃东西，都觉得不好吃。我只喝东西，这样也许会快一点，我就可以不再是一个人了。我太太已经在等了。""在哪里等？"他指着旁边一个坟墓："在那里。"

他开始不停地说话："虽然我现在一个人，但只要她等着我，我就不会感到寂寞，她也不寂寞。因为我一直想着她并对她说：'我很快就来了。我再待一会儿，然后我就来了。'"最后他引用了歌德的话，很棒，虽然不时被他的打嗝声打断："一切的峰顶沉静，一切的树尖全不见一丝风影；鸟儿们在林间寂静无声。等着吧，很快地你也会安静。"

我有所感悟地和他道别。

谁能坦然接受最后道别的痛苦，就能免于寂寞的折磨。谁能不断体认生命的界限，便能将寂寞视为美好生活的一部分。谁能赞同独处的最后形式，他那单独存在的阴暗角落就会发光。

他踏入自主生活的光线中，在那里他还要待上一阵子。现在他可以享受寂寞，总有人在彼岸等着他、想着他。即使那只是房东，等着逾期未付的租金；或是邻居，总在晚上看着隔壁亮着灯的窗户，却不敢打电话。

就这样，独行者迈着自信果断的步伐离开了墓园，他看起来神采飞扬。

寂寞令人有魅力

那些苦于寂寞的寂寞者，我要打开他们（红肿的）眼睛，让他们清醒，虽然我知道没人喜欢这样。而那些处在各种团体中的独行者，我也认为他们单调明了的生活形式，让他们显得失色。

伴侣间不断重复的摩擦及紊乱的家庭关系，纵使纷争嘈杂声再大，依然是乏味单调的。所谓多彩的人际关系，往往只让个人的形象变成黑白，他们无法在普罗大众中突显自己，只能不起眼地待着，毫无特色。

反之，带着神秘色彩及独特魅力的独行者，选择自己走着寂寞的路线。他们当中某些人具备的神奇吸引力，正来自"不单一"和"无法预期"的性格。

独行者就像戒指上的单颗钻石般耀眼，极具个人风采，人们会想从近处好好观赏。周围人们对他的好奇心，远多于对家庭主妇、一家之主的父亲、从小被教导要守规矩的孩子、热衷社团活动者、团体中的活跃人物、酒吧中的焦点人物、社交名媛、同事和伙伴……

因为，寂寞，让人美丽。

下次，自个儿出席吧！

许多年轻的好莱坞女星，总喜欢和伴侣一起走红地毯。你容易发现，中产阶级的人喜欢成双成对。另一方面，行事果决的德国总理安格拉·默克尔 (*Angela Dorothea Merkel*) 却很少和丈夫一同现身，如果有的话，脸上总会带着骄傲又尴尬的紧张神情。

芸芸众生中的特立独行者，为什么总是那么亮眼？

你可以从索菲亚·罗兰 (*Sophia Loren*，1999年被美国电影学会选为百年来最伟大的女演员第21名)、卡拉丝 (*Maria Callas*，被认为是历史上最有影响力的女高音之一)、葛丽泰·嘉宝 (*Greta Garbo*，终身未婚，1954年获得奥斯卡终身成就奖)……这些人身上看到一些端倪。

葛丽泰·嘉宝曾说："我想要单独一个人。"于是她会骄傲地抬起头，成为自信美丽的灯塔。他们越过普罗大众，传送光芒。他们全都单独一人，全都闪闪发光。

下次，你单独参加吧！如果你这几年早就这么做了，还是请你维持，下次自己出席吧。而且，抬高你的头！

有着国王般自信的社交名流，都会避免携伴出席。他们将以神秘的独行者出现，或许也会以神秘的独行者离去。或许勾着一个新认识的伴侣，这也是一种次好的办法。

社交名流不着痕迹地仿效寂寞的狼、夜间活跃的优雅美洲豹、天空之王的老鹰、神奇的独角兽等高贵美丽的生物，但在那里，独行者的美丽比一切独行动物更具说服力。

反之，再想象着，将所有东西啃噬一空的蝗虫群，总被影射为《圣经》中的末世降临或现代政治的反映；以及惊悚电影中恐怖的乌鸦群……这些例子都证明，群聚对于单独成员的美化毫无贡献。

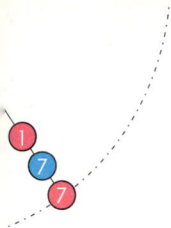

留给人们一堆问号的人

喜欢处在群体中的人，不只感觉良好，也会彻底投入。他们虽然融入群体，却完全没有个人吸引力。集体的思维模式、集体的行动方针、集体的歇斯底里情绪，过多的共同性单调无聊，却让参与者和仿效者有归属其中的乐趣。

所以，对于独行者的吸引力，人们一开始是不敢置信的。因此，他们喜欢先从远处观察他，默默谈论他这个人如何，有何令人惊讶之处。虽然独行者总是很快地离开众人视线，徒留一堆问号，让人们对他爱恨交加。不过，独行者一直以来都是凡夫俗子最喜欢的八卦题材。

那么，除了不信任和好奇心之外，那些特立独行、不按常理出牌的性格就没有引来任何东西了吗？有，那种性格会引来一种几乎隐秘的、很少公开的赞叹，经常披着不理解、鄙视，甚至同情的外衣。

有着钢铁般意志的独行者非常清楚这一点，所以他不为所动，甚至带着自豪乐在其中。某些独行者自负得很，他们认为自己不只特别，根本是独一无二。殊不知全球超过70亿人口，每一个人都是独一无二的。应该说，全世界的独行者比这些骄傲的自我中心者来得多。

值得注意的是，少了牵绊和负担的独行者是众人延揽的对象，总比那些在团体中规矩制式化分子来得受欢迎。所以，总有些游说者自认为可以说动他们心中那顽固老头或傲慢女神，加入他们的团体活动。那些不断的邀约，几乎让独行者招架不住，对他们而言，制式化团体有如地狱。

无论是作为装饰、广告、丑角之用，被催逼的独行者在所有情况下都能为每个团体增添色彩。例如，不断地有课程对着他们招手，"男人专用烹饪课""我们真的认识邻居吗"或"落单寂寞者俱乐部"……而他们总是礼貌性地婉拒。

独行者的存在，对所有人都是一个挑战。他们让他人感觉自己被赏了一个耳光，为了减轻痛楚，所以试图将他们并吞，直到他们成为"我们的一分子"。然后，期待所有绑缚着自己双手的力量，能就此逐渐减弱。

欣然接受朋友的撮合

德裔美国演员兼歌手玛莲·迪特利希（$\mathcal{Marlene}$ $\mathcal{Dietrich}$），在电影《蓝天使》（$\mathcal{Der}$ $\mathcal{blaue}$ $\mathcal{Engel}$）中唱道："男人有如飞蛾扑火般地追求我，如果他们烧焦了，我可不同意。"这说明了，当寂寞者引起他人注意时，的确会感到惊讶并暗喜，尤其是异性的关注。

你也会发现，好心的朋友总喜欢为独行者撮合。相对于世俗的看法，较随和的独行者并不认为这有损自己的尊严，相反，觉得朋友的努力撮合相当有趣。

我自己就很喜欢被撮合。那位雀屏中选的人选当然也知情，他想的、感受的绝对和我差不多。如果他脑袋还算清楚的话，通常我们会觉得好玩，甚至乐趣十足。

为什么不欣然接受？热心的介绍人认识我好几年了，对另一个人选通常也是，所以他绝不会放手让两个怪咖逃掉。然而，徒劳的介绍人总会不断掉入老掉牙的迷思：每一个独行者都需要借着另一个人来成就自己的完美，因此得迁就他们。

介绍人的努力令人赞许，同时也让我带点同情，因为被撮合的两个人常常都是不想破坏生活模式的独行者。不过，以这种认知为基础，表面上似乎互补的两人，也可能会擦出不错的火花吧！

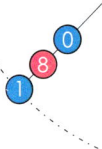

找一个你自己的洞穴

在书中，我们可以看到杰出的独行者总有感到自在舒适的情境，例如一场旅行、高山上的牧场、一大片的森林或床上、街上甚至是派对里。

然而，这个讲求舒适的独行者总喜欢把家称为"我的洞穴"。他们的洞穴看起来又会是如何呢？是满地啃咬过的骨头？抬头会撞到钟乳石？家居隐士的窝，最主要的一点就是极度舒适。寂寞者的"洞穴"对他们来说，有如人间天堂。

尚未真心喜爱自己生活形态的半吊子独行者，才会喜欢待在外头。他们每天晚上离开住处，四处流连。假如他们还会回家的话，也是在来去工作场所和狂欢地点、酒吧和健身中心之间的空当。他们逃避那根本不算家的家，犹如在躲瘟疫般。

法国哲学家与数学家帕斯卡尔在17世纪写道："……人类一切

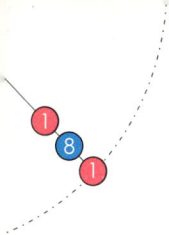

将喧嚣关在门外后，自己的（或租来的）房子内的

安静和安全感，

有如温暖的浴袍般围住了

享乐的隐居者。

的不快乐均源自一件事，那就是他们无法独自安静地待在自己的房间里。"我们的逃避者总有各式各样不回家的借口："那里空荡荡的。""这样静悄悄，我受不了。""又没人在那里等我。""反正，冰箱里没东西可以吃。""老是看电视，也很无聊。""我待在家，没多久就会蒙头大睡。"

进到一个了无生气的房子的确不舒服，我指的不是没人在，而是缺乏灵魂。它可能不是被人以爱装潢，而且照明设备很差，暖气也被关小，"反正又没人在"。也许不只没有人，也没有书、乐器在等候着不快乐的返家人。

这样的人到底为何需要一个房子呢？他们虽然不是住在桥下的流浪汉，但也称不上有家。对于满足自己"洞穴"的独行者而言，独居是每天最大的满足源泉之一，虽然对需要漂泊独行者的俱乐部度假旅馆、餐饮业及游轮业者而言，这不是件好事。

回到家，深呼吸，脚伸直，闭上眼睛，感受宁静。呼，终于回家了。然后他张开眼睛，看看四周，觉得很棒。看起来还需要擦拭一下灰尘，不过还有时间。将喧嚣关在门外后，自己的（或租来的）房子内的安静和安全感，有如温暖的浴袍般围住了享乐的隐居者。

孤独，是不许被任意打扰的神圣

英国法学家柯克爵士（*Sir Edward Coke*）早在一段法律论述中说："一个人的房子就是他的城堡。"1244年的汉堡城市法就明确规定："我们也要每一个公民将他的房子当作他的堡垒。"

这些独居的"堡主"，在门铃响时基本上是不开门的，他们也把电话录音机设定为防御系统。一个女性法律专家解释为什么这么做："想找我的人，应该事先打电话问我是否方便造访。免得我的脸上正贴着黄瓜片，或是处于棘手的状况，还是正和某人待在床上。"

另一个人则说："基本上我的电话录音机都是开着的，就算我在家也是这样。我会先听是谁打来的，然后决定要不要接电话。我不允许有人任意打扰我那神圣的孤独。"

独行者的窝有时也会变成喧闹派对的地点、情人的爱巢、隐秘的会议室、亲昵用餐的场所、不寻常的告解室或亲近友人们的聊天处。而当他再度独自拥有全然隐秘的洞穴时，他可能在沙发下找到一枚遗失的戒指、忘了带走的雨伞或搁置在书本间的酒杯……他可能悠悠叹道："终于一个人了！"并找到自己。

巴洛克时代的公爵贵族们，喜欢将他们小型的玩乐室或狩猎行宫称为孤寂宫（*Solitude*）。他们会带着部分的随从和几个情妇作陪，在一个相对清幽寂寞的环境下隐居，远离政务的烦扰。

想象一下，历经一天的喧嚣和尘世的疯狂后，回到一个安静的家、一个依自己品味及需求而打造的避难所，不是一个极大的享受吗？如果你想要一回家就有暖乎乎的拖鞋，早上出门前你可以先把拖鞋放在暖气上。

回到舒适的家，就足以让人大大地放松，如果一打开门不被猫绊倒或被家人的迎接声吓到的话。

我聆听，直到天色变黑。

从我的住处望去，只有闪烁星光。

大城市的喧嚣，来去如波浪。

四处是人们的交谈声，还有狗吠声。

刀子般锐利的咯咯响。原来一个女人正笑着。

有人在半夜里，吹着小喇叭。

单调的男人声，滔滔不绝，

对方沉默不语，是爱是恨？

有回我骤然醒来，外头万籁俱寂。

唯有孤鸟鸣唱，想为一天揭开序幕。

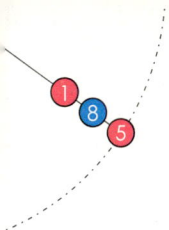

在自己的洞穴里，做些什么

静默中的禁欲者及寂寞中的苦行者，常常叙述着自己另类的享受，他们可以在开启的窗户旁聆听一整晚的嘈杂声。远方是大城市的喧嚣，耳边则充斥着时钟的滴答声。

一个失眠、耳朵却敏锐的独行者随时就能写好一首应景的短诗，写诗是独行者一种寻常癖好。

我聆听，直到天色变黑。

从我的住处望去，只有闪烁星光。

大城市的喧嚣，来去如波浪。

四处是人们的交谈声，还有狗吠声。

刀子般锐利的咯咯响，原来一个女人正笑着。

有人在半夜里，吹着小喇叭。

单调的男人声，滔滔不绝，

对方沉默不语，是爱是恨？

有回我骤然醒来，外头万籁俱寂。

唯有孤鸟鸣唱，想为一天揭开序幕。

除了吟诗作对，你还可以在家里，没有别人在的时候，做下列任何一项活动。

● 穿上舒适，但不那么做作的衣服。

● 睡觉或不睡，也可以不在正常的时间睡觉。

● 吃或不吃，当然也可以不在正常的时间吃。

● 将家里的家具移动位置N次，或是进行居家风格大改造，例如把乡村式酒吧间改成禅修室。

● 阅读、阅读、阅读。

● 可以翻阅旧情书，而且不只是收到的，还有寄出的情书备份。独行者总有那么点古怪，喜欢在将呕心沥血的大作寄出前，留下一份草稿。

● 随着自己的心情乱弹钢琴、大踩踏板，虽然五线谱上的豆芽菜你认得的可能很有限。

● 看前男(女)友们的照片并自问：当时怎么会爱上这些人？不知他们现在看起来如何？然后，摇摇头地想着，肯定不怎么样。

● 修改论文或完成一件在白天就开始做的工作。

● 躺在地上，尝试以不习惯的角度看东西，例如倒立。或是再刺激一点，拿一面大镜子在房间内乱走，透过镜子看看你的室内全景。

● 勇于在厨房里做任何尝试，你会发现一个人下厨时，烹煮、混合和搅拌都能顺利进行。创意十足的独行者生活，就可以从厨房实验中获得，就算完成的菜肴难以下咽，也不会有人把盘子往墙上扔，你只要自己倒进垃圾桶就可以了。

若你独自一人完成了美食杰作，绝对不必为了孤单感到心碎，而要将它视为给美食家最精致的自我奖赏。你应该坐在装饰华美的桌旁，在烛光、美酒和巴洛克音乐的伴随下，庆祝这个夜晚。

谁说一定要伤心？悲哀？自我安慰？

我快乐地为自己准备了绝佳的晚餐，仿照了狂热的城堡修建者路德维希二世，（译按：*Ludwig Otto Friedrich Wilhelm*，十九世纪的德国巴伐利亚国王，具备诗人、艺术家、梦想家的特质，爱好自由、孤独与美好的事物。他耗尽国库打造梦幻城堡，包括著名的"童话城堡"新天鹅堡。）而且更快乐些。有时候尝试做一下异国料理，同样令人食指大动。

开车的独行者有时在车上吃着外带的鹅肝酱小面包，也会觉得滋味特别不错。等红灯时，你就会发现其他驾驶人投来的嫉妒的目光。

你不只可以一个人做菜，你还能沉思、挖鼻孔、祈祷、沉思、做手工艺品、计划、沉思、道歉、回忆、沉思、织围巾后再将它拆掉、沉思、放弃某些事情、想清楚一些事情尤其是关于自己的事，然后继续沉思。

我想，应该只有一件事是独居者无法做的——挂画。这需要一个耐心的小帮手，依照我们的指示在墙上移动画的位置：高一点，继续往左，不要往右，我说往左，现在往下一点点，不要太多，再高一点，这样子刚刚好。我们会快速地拿支笔做记号，而且对于小帮手没把画往我的头盖骨上砸，就感到庆幸了。

我很喜欢待在家里，但没有常常这么做。如果我晚上很晚或接近凌晨才回家，我都会因自己长时间丢下舒适的洞穴而跟它道歉：老房子，下回我保证对你忠心。

自信的 独行者，在漫长人生路上

独自昂首阔步，

他们认为，只是因为 不想寂寞 而不断做出 病态的 让 步，

其实是一种 致 命 的尝试……

8

"独"
与 "群"
的
平 衡

仔细想想，你有几个朋友

一个独行客真的有朋友吗？他会有怎么样的朋友？他的声带生锈了吗？难不成，他主要的人际交流就是一夜情？他是否没有任何人际往来，而在孤独中腐蚀？他真的没有朋友吗？是被迫？还是这个原因或那个原因造成的？

别想太多，独行客是天生的友谊大师。

他们会不着痕迹、不感倦怠且巧妙地编织着他们的社交网络。他们培养了非独行客们认为多余的能力——选择朋友。许多意念坚定的独行客，从小便开始选择朋友，经过多年训练，早已将自己的努力内化，融入血肉，刻入大脑。

法国哲学家蒙田认为，友谊的建立是一种自主性的行为，和亲戚及家人之间所产生的联结不同。"如果法律和天生的义务，让我们承担愈多这种（人际）联结，我们选择朋友的自由意愿便愈少。没有什么比我们的自由意志，例如好感和友谊，更重要的了。"

所以，独行者当然有朋友，而且也以朋友们为荣。如果他是个满足的独行者，他的周围一定会有几个朋友。

真正的朋友只有二至五个

关于人际往来的相关研究，全世界不胜枚举。英国利物浦大学 (University of Liverpool) 心理学教授罗宾·邓巴 (Robin Dunbar) 发现，每个人平均会有二至五个真正的朋友。

独行者也不例外！这种所谓"支持小组"的社交网，罗宾·邓巴认为："他们是人在遭遇情绪或经济困难时求援的对象。"这个人数，在所有的社会阶层和文化圈几乎都是一样的。

对于朋友圈的大小，有一个世界性的标准：从至交再扩大一点的朋友圈有十二至二十人，普通朋友圈则有三十至五十人。为什么会这样？科学家无法解释。但"因为这是放之四海而皆准的现象，充分反映了我们处理社会关系的认知能力"。而且真正相知的几个好友，就已花掉我们足够的时间和精力，这个数目显然是最理想的。

我也有一个珍贵的小型朋友圈，其中包括结识几十年的朋友、以前的情人，或是从小一起念书长大的老友。他们是最贴近我的心、我的脑及我的灵魂的人。他们一直陪我走到现在，对我而言他们是可信、诚实的。

我们熟到给彼此的建议都不是普通的劝导，有时还会厉声痛批。必要时，他们会纠正我，支持我。在我哭泣及大笑的时候，他们都在我身边。他们和我一同叹息或开心地经历每一段爱情，因为他们和我一样清楚：爱慕者会来，会走，而朋友会留下。

友谊，属于人与人之间最稳定的关系之一。独行者的生活中当然也有，但经由刻意节制，反而让他的朋友圈更为稳固了。

此外，这些玩伴也还给独行者原本被群体剥夺的东西：一个自我的反射。没有同事圈，没有酒吧老酒伴，在孤独中才能感受到最深沉的自我本质。在朋友间，面具会被取下，虚伪会被终结。通过挑选出来少数的朋友，独行者才能了解自我及扩大自我界限。

独行者懂得感恩，从来不预设什么回馈，没有什么对他们来说是理所当然的事，即使他们很骄傲，要求很高。正因为他们不彼此感觉，仿若独处。

太轻松的生活方式，才必须不停地自我适应、重新组织自己及朋友圈。

所谓"不太轻松"的生活方式，意思是他们自由飘扬的注意力，丝毫不会减少对于社交的警觉性。没有家人或其他后援团体的保护，他们是生活战场上勇敢的独斗者，也非常善于处理日常纷扰。

而他们对好朋友的态度也是相当奇特：<u>彼此感觉，仿若独处</u>。这是独行者对朋友最好的赞美，虽然对于捍卫和谐亲密的天真者来说，这听起来像是侮辱。但对于感恩的寂寞享受者而言，无论是针对自己的寂寞还是他的朋友，这好比是爱的告白。

我们还会听到不断有人对独行者说："只有和别人接触，人才会成熟。""没有和他人进行意见交流，就不算有社交生活。""群体社会代表愉快。""单独不是好事。"……

这些无趣、让人无法辩驳的老套言论，就是要谴责独行者自主性的生活规划是一种错误、一种残疾，以及顽固、神经质的抗拒，套一句卫道士们最爱的说法——独行者的生活方式是"放肆"的，一种他人不允许，却不无嫉妒的胆大妄为。

这些言论，不外乎是在攻击独行者对于生物使命、传统习俗、群体分工的反叛。不过，事实上独行者并非是被排挤在社会之外的弃民，也很少有人会在沙漠里度过余生。那么快活的独行客到底都在做什么呢？

如果是我的话，我会邀请别人参与我的生活，同时我也被其他人邀请；我会打电话给朋友，别人也会打给我；我写信，也会收到来信；我问人，也被人问。我维护友谊，并不是指刻意拥有友谊，而是指谨慎地处理我已拥有的友谊。

独行者又拿这些朋友做什么呢？

纠缠他们？利用他们？把自己当作车子的备胎挂在他们身上？

都不是。独行者会照顾自己，也特别喜欢照顾朋友。或许有人会带点尖酸的口气说："反正他们有的是时间！又没小孩，又没另一半。他们不必每天煮三餐，不必为一家子温饱在外打拼。"

没错。但他们对朋友所做的一切，难道就会因为家庭而因此放弃吗？这些喜爱独处的独行者，绝非社群意义上的独行者。他不以社会期望行事，别人也不会对他过度期望。虽然你很少在喧闹的人群中看到他们，但他们常在鲜少有家人探视的孤独老人病床旁担任义工；他们聚集在慈善机构的说明会上；他们从事慈善工作，乐于助人，虽然他们并不愿承认。根据统计，50%的独行者乐于投身于助人、环保及政治等事情上。

意外的是，一些年轻人也参与其中。他们虽然有自己的饶舌或摇滚乐团，但却喜欢独自生活，不在乎被人以异样的眼光看待。他们经常对生病的老奶奶、年长的邻居、吸毒上瘾者、罹患艾滋病的女孩、一只狗或一只被他放入毛衣里的老鼠付出关爱。

爱好寂寞者，随时守候在每个人的身旁。他没有家庭的牵绊，自愿为别人空出时间。个人主义的他厌恶集体式的责任道德，例如政党、教会、俱乐部、社团、左邻右舍、家族，以及强力诉求每个人应该成为"我们"和人们的粗暴想法。

他只愿意参与出于自我意愿的行动，也认为唯有志愿行动才能引发参与，例如马克·吐温（*Mark Twain*）在《汤姆·索亚历险记》中的主角汤姆·索亚，运用计谋让朋友自动帮忙漆围栏。

比较靠近答案的旁观者

喜欢有人做伴、喜好社交者，如果愿意了解喜好寂寞的独行者，便能感受到他的能力、原则、骄傲、勇气和力量。也因此才会有这么多人喜欢带着问题和烦恼，求助他们的独行者朋友，更大胆者甚至会拿着邀请卡和申请表，积极邀请独行者加入他们的团体。

其实这并不奇怪，因为独行者一直都是杰出的人类观察家。他不会被身边的"交际活跃分子"分散注意力，因此能从远观的角度，看到每件事情的来龙去脉。他以旁观者的立场，很快就能看出，周围的人事喧嚣以什么样的规则在运作。更简单地说，这些人际守则从不适用于他，他也不会感到困扰。

因此，比起处在喧嚣中的人，他能客观地提出更多疑问，也较靠近答案。他可以过滤自己所经历的事，直到它符合自己的看法和要求。

研究自主生活多年的社会学家乌利希·贝克 (Ulrich Beck) 曾说："独身者是宽容的艺术家。"比起因袭社会规范者，他们愿意包容更多事物。

当爱好寂寞者想到他的朋友时，他会进行缜密的思考，此时，在他身上几乎找不到自我主义、唯我独尊的痕迹。因此，他们是极受欢迎的朋友。他们愿意倾听、提问，更是你在半夜三更可以打电话诉苦的人，虽然这个例子实在有点老套。

独行者将他的特立独行化为一种生活风格，如果必要的话，他愿意分享他的面包、套房和他的注意力。对于朋友而言，他是个患难与共的好伙伴。在某个时刻，被悉心呵护的朋友开始觉得和他们在一起感到舒服自在，总是忍不住说："你去哪里？我正好同路，一起走吧。""我们能不能一起……"

这些话往往会让寂寞迷有所警觉，这时他知道自己最想做的不是别的，而是重新拥抱独处。

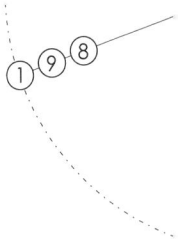

自在勇敢地缩小朋友圈

如果你是那种定时刷牙，冰箱里面没有覆盖着一层绿色霉菌，也没有垃圾车固定停在你家门口，那么你是一个注重卫生的人。

可是，为什么你和其他人来往时就那么不注重"心灵卫生"呢？为什么还要和对自己及灵魂没有丝毫帮助的人来往？

"难道，只是因为不想单独一个人？"

"对，只是因为不想单独一个人。"

自信的独行者，在漫长人生路上独自昂首阔步，他们认为，只是因为不想寂寞而不断做出病态的让步，其实是一种致命的尝试。这些让步不会让你快乐，更无法让你满足。

没有交集的谈话，总比没有好？

在一个陌生的城市，只要未携伴参加一场接待会，你会发现，聚会上人们各自成群、热烈地聊天。很明显，大家不是好朋友，就是老同事，不然就是彼此熟络的夫妻档。

他们可能分享了某件事的秘密，就算那件事只不过是某某先生有扁平足。这种信息共享的亲密情谊，总是让众人先低下头后，又抬起头，齐声大笑。

心思细腻的独行者会这么想：我不想打扰他们，然后转往旁边另一个小团体。你可以看到那个团体的气氛也是一样，"我们是自己人的秘密组织"。只有无感的人，才会贸然闯入说："嗨！我是苏西，我想和你们一起大笑。"

四处闲荡、找不到人说话的寂寞者，这时会很高兴带着微笑的侍者帮他加满酒；而有的寂寞者会在冷盘餐区缠着厨师，聊色拉的调味料或服务业的概况。

让独行者感到轻松自在、有如天堂般的寂寞，对他人却是终极地狱。

有些寂寞者不想落单，只要有可以谈话的对象，都会开心不已。他们会寻找同样落单的陌生人，和他们聊耸人听闻的八卦。有人以日语和芬兰语同他们交谈，他们还会专心听着完全听不懂的外星话，做出饶有兴味的表情。

反正重点是他们有交谈，他们对某人说，某人也对他们讲。至于内容，无所谓；深度，不需要；主题，无厘头；好感，非必要。一个晚上终于就这样过了，特别是对那些被骚扰的工作人员而言，也算是好事一件。

带着小心保护着、避免过度使用的声带，寂寞者总算又回到了自己的窝。他不止一次自问："为什么不一开始就马上回家？"真相就是，有的人就是难以脱身，就如同和另一半或家人有一搭没一搭说话时的无趣夜晚，你总是无法轻易地拍拍屁股走人一样。

团体当中势必有某些成员是彼此看不顺眼的，长时间下来只会愈来愈令人难以忍受，沟通也会愈来愈不足，但人们仍然只会在最特殊的情况下才选择开溜，因为让独行者感到轻松自在、有如天堂般的寂寞，对他人却是终极地狱。

有的人以放弃无奈的口吻深深叹道："起码我有人可以说话。"听得出两人关系已到了可有可无的程度。根据统计，多数夫妻每天交谈时间仅有十分钟，这值得我们深思。

你可以在咖啡馆和餐厅里发现，丈夫和妻子间令人难堪的沉默，即使不是有意偷听，都能感受到那令人窒息的无聊、呆板的信息交换，自动吐出的制式词句、无声的死寂……但这一切却被冷漠以待，因为，有十分钟的交谈总比完全没有好。

"难道，只是因为不想单独一个人？"

"对，只是因为不想单独一个人。"

有些人更是忍功一流，即使对男朋友有发不完的牢骚，对他凡事都不满意，她还是选择留下；虽然丈夫总是喝得烂醉，有家暴行为，依然无法离婚；虽然同居人另结新欢，而且大方公开新恋情，她还是默默等待；为他生了孩子，安静地守着身旁当个小秘书，纵使那个工业巨子的亲戚们根本不知道她的存在；虽然妻子因为他的年龄和勃起问题，当着友人的面嘲笑他，还是有人选择留下。

就算两人之间再也没有交集，或是两人的交集在仇恨，有人还是不愿意离开。

"真的只是因为不想单独一个人？"

"对，只是因为不想单独一个人。"

删掉电话，你可以得到更多

我花了多年的功夫，总算获得自己过除夕夜的机会。节庆的夜晚，我会将今年行事历上的地址和电话号码，抄到下一个年度的行事历上。这么做，除了回想过去一年的点滴，并对来年展开新的梦想及计划外，另一个对我最重要且喜悦的步骤：删除一整年来累积的，但不值得再抄写的姓名和电话号码。

我会删掉所有不能让我受益（或许我也无法让对方受益）的人的电话号码，或是无话可说，只是出于习惯、传统或社交礼节和他联系的朋友，这些名单我通通会毫不留情地删除。

于是被过滤掉的有名人、没水平的家伙、自私鬼、无法控制自己情绪的人、爱抱怨的人、好嫉妒者、不满足者、不受教者、想将我拉低到和他们同等精神水平的人，或是在我做大胆尝试、需要鼓励时，不给予支持、总爱泼我冷水的那些人。

这样听起来，好像过去一年我都被一群道德低劣的恶棍包围着。事实上，我每年只需要减少一两个名字，还会留下许多可亲的朋友。

我们不必像宴会上的X先生那么极端，当主人拉着另一个客人靠近他问："我可以介绍Y先生给您认识吗？""谢谢，不用了。"X先生客气地回答，"我已经认识够多人了。"

对抑郁的寂寞者而言，要说出"再见"是件非常困难的事。所以，有些人甚至害怕寂寞到不愿挂上电话，而不断演出拖延谈话的戏码；另一些人则因害怕面对自己空荡荡的房子，而总是待到聚会结束才离开。

你应该勇敢地和算不上朋友的人切断联系，轻松放弃这位或那位朋友名单，缩减朋友圈，提高择友标准，这些都算是克服自己害怕寂寞的方法。有时你会感到罪恶，或是觉得这样的行为是种侮辱，但是这仍是一件需要你努力去做的事。

虽然有时想要进行选择性的社交往来，是一种无法达到的奢求。例如，我买第一个手机时，请店员不必告诉我手机号码，反正我并不需要。店员对我的行为大感疑惑，我只能在店里不停解释，因为我不会给任何人我的手机号码。接着，我又天真地问店员：
"有没有一种无法让人联络上的功能按键？"听到这个问题时，
他简直不知所措。

那些和我正好相反，老是试图让别人和他们搭上线的人又是
如何呢？他会在名片上印上电话号码、传真号码、手机号码和电
子信箱，而且住家和公司的一应俱全。名片背后则用英文全部再
印一次，包括从国外拨打时该拨的国际号码。

这些对于害怕寂寞的人来说，都是非常紧急且重要的电话
号码，那一连串的数字，仿佛不断摇旗呐喊着：我有空，随时找
我！和我联络，我是你们的一分子，别丢下我……

可以自在独处的人，自然不会盲目地跟着他人赛跑，他最后
还能赢得这场人生之战：不只赢得生活质量、宝贵的时间，还有
美好的友谊。他不至于完全孤独，却安于"群体边缘"，正如我
一个老朋友多年来一直有点自负，却不无中肯地这样描述自己。

不过，正常的社交，对于人的社会化、意见的交流及知识的
扩展却是不可或缺的。有时候，信息的同步有其必要性，但如果
其中没有休息空当，没有任何静默的时间，这种讯息传递的意义
就不大了。

优雅的沉默者，当然无法讨每个人的欢心。里尔克描述得
贴切："群体不希望有寂寞者的存在。你把自己关在家里，他们
便会聚集在你家门口，好像你想自杀一样；走在公园的林荫小道
上，他们便会对你指指点点；如果你的邻居坐在门口，不要和他

一个朋友、一个好朋友，
是世上最美好的事。
有选择性地挑选朋友的人，
重视的不是朋友圈的量而是质，
所以他乐于放弃
或重新整理所谓的人际关系与联系。

讲话，只管低头从旁走过，因为夜晚使你安静，而他会盯着你，并叫来他的妻子或母亲，跟着他一起讨厌你，他的孩子可能会丢你石头，把你打伤。寂寞者很难当的。"

那么还剩下什么呢？

一个珍贵的朋友圈。这是一个社交网，另一种形式的家庭——不是出于被迫、没有压力、依自己的意愿决定保留与否，完全依照自己的需求和喜好爱它、维护它。一小群的人，对独行者不可或缺，而独行者对他们也是不可或缺。

德国歌手海茵兹·鲁赫曼（Heinz Ruhmann）在1930年唱道："一个朋友，一个好朋友，是世上最美好的事。"

有选择性地挑选朋友的人，重视的不是朋友圈的量而是质，所以他乐于放弃或重新整理所谓的人际关系与联系。

开心独处的人，健康长寿

　　澳洲菲林德斯大学（Flinders University）的研究员曾在《流行病学及小区健康》（Journal of Epidemiology and Community Health）期刊上，发表他们长达十年的研究，结果惹恼了他们一票亲戚。

　　期刊上写着："年老时有良好朋友圈的人，活得比较久。而和自己的孩子或其他亲戚保持良好关系，对长寿几乎没有任何贡献。因此，比起家人，朋友对年长者的健康状态影响更巨大！"

　　虽然我们用不着立即扬起研究报告，在亲戚群中进行搏斗，不过这个研究让人不得不思索：我们再也不必对孤独终老感到绝望，因为这显然是一种较健康长寿的人生。

　　完全孤独或离群索居的人明显较长寿健康，例如修女、修道士、隐士、放牧者、高山牧民等。他们很快乐、很坚韧，他们长命百岁。

　　柏林工业大学的讲师，同时是政治学者、作家兼瑜伽老师海培尔（Hans-Peter Hempel）在接受《今日心理学》（Psychologie Heute）访谈时认为：透过独处，人可以不断找回自己的中心。许多人在制式生活中早衰，因为持续性积极的心态，得以消耗很大的身体劳动量。

而一如惯例，这样的言论当然也有人持相反意见：独处与寂寞是魔鬼，只有按部就班、和谐的家庭生活和美好的婚姻，才是青春活力的源泉。这或许没错，问题只在于：受益的家庭成员是谁？

我认为：受益最大、最健康的往往是独居的女人和结婚的男人；不健康的则是结婚的女人以及独居的男人。这论述再清楚不过了，受益的永远是受女人照顾的人——她丈夫或她自己。

在男性读者丢开这本书，准备前往最近的婚介所前，爱好寂寞者先别气馁，我还有个很重要的例子要说，另一个科学实验可以鼓励所有独行者，看见一个快乐的晚年：一旦上述健康的伴侣关系出现裂痕，人体免疫系统马上会亮起红灯。

美国俄亥俄州立大学的研究员邀请了42对夫妻进行一场轻松、活泼且具建设性的对话，并且在他们的同意下，在身上制造一个小小

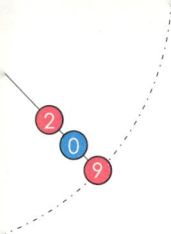

的伤口，再由研究员追踪每个人伤口复原的过程。之后，邀请了同样的夫妻进行第二次访谈，研究人员引发他们产生口角并制造同样的伤口，而这次伤口复原的时间比第一次多了一至两天。

这样的研究，可以看出争吵和压力，其实会改变各种免疫讯息传递分子的含量，而影响到伤口复原的速度。一个参与研究的科学家强调："想想看，研究中夫妻间的小小争吵只不过持续半个小时，假如是一个不快乐的婚姻，长期下来会造成什么后果？"各种研究结果已不断证明，满足与快乐会让人有多健康，而经验丰富的独行者大多能避免争吵和压力。

免疫系统与**心理**之间的关联，即使从伪装的情绪中都能清楚显现。一位心理免疫学家，请演员演出开心和悲伤的情绪，并要求确实融入角色情绪中。紧接着血液测试显示：扮演一个快乐友善的人物后，免疫细胞的健康分布比例会大幅增加；而诠释一个阴郁角色后，则会使它急速下降，危及健康。因此，现在你应该开心地和寂寞做朋友，让正面精神有效促进健康体魄。

原因之一：你没时间生病

亲密感、安全感和归属感是人的基本需求。不快乐的寂寞者，往往无法满足这三项需求，而影响身心甚至生病。

事实上，乐于寂寞的独行者多半不会觉得自己被孤立或欠缺什么。他在亲近及关心的人身上，甚至是不太亲近、有点陌生的人身上，还有自己身上，都能找到亲密感、安全感和归属感。

对任何人来说，冷静、睿智和自信，都是不可多得的生活万灵丹和强心剂。在生命的尽头，它们甚至是最后旅程的美好食粮，而这段路是每个人都必须独自行走的。只要成功地将自我界限略微向外扩张，就能在完全不同的层面上，例如能够客观洞悉生活，找到信仰，全然接受幸与不幸的事物，便能找到自己的安全感和归属感。

另外，快乐的独行者还有一个较少生病的特别原因——他们无福享受卧病在床的乐趣。不然，谁出门遛狗？谁去买柠檬来补充维生素C？谁帮忙倒垃圾？谁把车子开去车检？谁坐在床边读童话故事给孩子听？

嗯，我是不是把事情发生的时间顺序搞混了？

没关系。任何年龄的病人都喜欢退化成值得同情的人，尤其是退化成幼童。不过请小心，如果没有人可以帮你完成上述的事情，你所有的退化就白费了。毕竟我们也不想过度损耗朋友们的爱心，例如端鸡汤来照顾你的女性好友，愿意帮你敷裹胸贴布的男性友人。

自从我一个人住，借着遛狗、倒垃圾、做车检等活动，我的一些小毛病很快就不药而愈。平常独行者能卧病在床的日子，可能只有下雨的星期天。如果没人不断对他说："该起床了啦！"那他一定可以享有双倍的赖床之乐。

最完美的人生是寂寞和知足的结合。

两者互为推动力，

促成一种自我反映的态度，

易地而处，思索自己，整理自己，

体认并继续培养自己的人格。

体认了自己美好的生活，

也就是生活中的善，

独处者就能成为真正的生活艺术家。

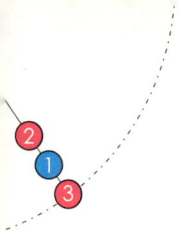

寂寞加上知足，等于好快乐

　　一个人的快乐并不等于另一个人的快乐，因此我要不厌其烦地强调：这本书是身为独行者的"我"的生活经验，谈的是"我的"快乐，而且是我在这个人生规划中，发现了"我的"存在喜悦。

　　如果一个苦于寂寞且又离不开这种苦的人，读到这个全然不同的经验谈时，他当然随时可以略过我在前言中所提的：和自己相处，快乐地寂寞着。毕竟，哀叹自己悲情的命运，正是"他的"快乐所在。

　　为什么生蚝对某人来说是人间美味，对另一个人则是快速的呕吐剂？为什么有人能带着他那垂耳的四脚宝贝上床睡觉，有的人则觉得狗就是全身布满跳蚤又爱闻粪便的肮脏家伙？

　　为什么有人热衷阅读惊悚小说，有人在书店里却刻意躲开以恐怖小说著称的史蒂芬·金 (Stephen Edwin King) 的作品？

　　海鲜、狗和惊悚小说对每个人都是相同的事物，是人和他的厌恶及恐惧造成了不同的反应。寂寞也是如此。有的人迷恋它，例如艺术家和思想家，需要时而造访孤独岛屿、寂寞天堂或宁静绿洲，而有的人却对它大加挞伐。

这当然只是非常简单的描写，寂寞其实还涉及了完全不同的东西——恐惧。恐惧让一个怕狗的人，无法和圣伯纳犬分享他柔软的绒被；或是无法让一个神经质的胆小家伙，去看最新上映的恐怖片。

然而，能冷静面对恐惧的人，就算他怕狗，当路上出现杜宾狗时，也不会逃往离他最近的房子入口；就算怕见血，当他抓破蚊子叮咬的包时，也不会因为看到一滴血便立即昏倒。

害怕和快乐就如同全世界的人一样，有着形形色色的面貌，而孤独和寂寞亦然。就连以"单"或"独"为起首的词，也有大不相同的涵义。你会认为"单独囚禁"让人不舒服，但"单一继承人"可能就很不错；或是"单亲者"可不像"独裁者"那么满意自己的角色。

百岁人瑞的两种生活条件

德国正面心理治疗协会的诺斯拉特·佩塞斯基安（*Nossrat Peseschkian*，德国知名神经科学家、心理治疗医师）教授曾宣称："快乐的人，只在他们人生的部分领域感到满足。换句话说，满足的人生活在一种稳定的制度里，并想将他们的快乐散播出去。"

他给寂寞者的建言："独自过一生有时候相当辛苦。可以寻求志同道合的人或心灵导师，和他们谈谈你自己。"

德国老人研究中心的老人心理学家罗特（*Christoph Rott*）和约普（*Daniela Jopp*）在一项健康快乐的百岁人瑞研究中发现，拥有美好生活，也就是对生活感到满足的重要条件：自我实现，<u>也就是自己能塑造人生，不全受命运摆布的信念</u>。学习处理人生中的不顺遂，并去适应它们。

看起来，这跟寂寞或不寂寞完全没关系。不过，<u>跟我们面对寂寞时的态度有很大的关系</u>，这代表了处于寂寞时，带给你的满足感有多大。

如果有人问我们："你好吗？"我们就应该不要再耸肩抱怨："唉，还可以，过得去。"这样的用词，完全错误！

回答"我很满足"听起来比"我简直快乐到不行"更有信服力，更健康更持久且更充满希望。知足可能是西方文化圈中最被漠视的正面情绪。但是，在东方的宗教和哲学中，<u>知足比快乐更受重视并被视为至善</u>。

我们可以大胆地说：最完美的人生是寂寞和知足的结合。两者互为推动力，促成一种自我反映的态度，易地而处，思索自己，整理自己，体认并继续培养自己的人格。

体认了自己美好的生活，也就是生活中的善，独处者就能成为真正的生活艺术家。

至于因β脑内啡（*β endorphin*, 天然镇痛剂）、儿茶酚胺（*Catecholamines*）和多巴胺（*Dopamine*）等激素释放产生的猛烈快乐，我们偶尔还是可以享受一下。

写给总是抱怨寂寞的你

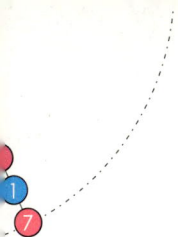

亲爱的寂寞人，我想先跟你说个小故事。

在某一年的十一月，一个看不到月亮的夜晚，我在纽约经历了一种体验：先是放肆妄为，接着感到害怕，然后恢复冷静，最后满满的喜悦朝我扑来，我快乐地在旅馆酒吧里享用了一整瓶威士忌。

当我到纽约时，全世界的人都警告我不可以独自走过当时还不太安全的中央公园，尤其在晚上的时候，但我却偏偏这么做了。当时，一个体格结实的男子突然冲出来，逼迫我给予他"财务上的援助"。

我几乎没时间害怕，在他不断缩短我们之间的距离时，害怕也跟着不见了。我没有多想，便举起双手（它们原本躲在已经磨破的披肩袖口里），给了那个目瞪口呆的男子一个大大的拥抱："天啊，我正想找你说话哩！"

然后，我们大笑着分开，各走各的路。最后，如前所述，我前往旅馆酒吧享用了一整瓶的威士忌。

"如果你想脱离痛苦，你必须先拥抱它。"心理学家总是这么建议。

所以，我亲爱的朋友，找出令你害怕的东西吧。然后直接面对那让你无法忍受的事物，也许你可以给它一个拥抱后，笑着和它分开。你就会发现原来那里还有一个陌生的、难以想象的乐趣在等着你。

我很乐意在一旁陪伴你，不过只有一开始，因为之后你就会爱上独处，胜于我的陪伴。届时，你会找到寂寞的美好，也真正愿意独自享受它。

寂寞，不再是寂寞

我要先告诉你：你和你的问题并不孤单，几乎每个人都会经历令人窒息的寂寞时期。抑郁、啮噬身心的寂寞感绝不是只在没有人的时候才会出现，它也会袭击幸福的情侣、欢乐聚会中的开心果、深陷家庭纷扰中的人……那满满空虚冷冷地穿透皮肤，渗入体内的五脏六腑，无情地扩散开来，直入大脑及内心。最后，它就这么停驻在心灵深处，刚开始让人感到沉重，接着冰冷刺骨，然后万般痛苦。

如果有人认为自己完全不寂寞，这根本不值得我们羡慕。他很可能非常懂得如何机灵地排挤别人往上爬；永远有忙不完的活动，手机和行事历从不离手，电子邮件的活动通知塞爆信箱；或是喜欢在家中透过网络建立虚拟的人际关系，殊不知早已失去一个最重要的人——他自己。

我们都应该回头看看自己，让自己"苏醒"，这表示你得：

离开喧扰，找出独处时间。

除去干扰，聆听轻声接近的事物，

等待、清理，然后重新填满空虚。

并且要懂得做自己心灵的守门人，自发性地挡住过多外来事物，让有益内在的东西进入。以自我内在作为面对外在世界的发射台，你便能感受到人生有如高空弹跳般刺激。唯有利用这种触动心弦的方式认识自己，你才能无比轻松地悠游世界。

减掉愈多以往你想要的、那种紧靠他人的感觉，自我密度就会愈高。最后自我的分量会愈来愈重，赐给你凝聚的力量。这股力量从内部形成你独特的人格，诱发你的创造力，促进清晰的思维和心灵的感知。并且创造大量的喜悦，因为它终结了孤立，而你怕被遗弃的原始恐惧，顿时也会消逝无踪。

而一开始你只需要一点点的勇气与坚强，然后你便会拥有更多的勇气与坚强，之后它们会伴随你一生。

亲爱的，这不是在替盲目追求自我实现做辩护，你也不应该成为那些疯狂沉溺于自闭式孤独，并引以为傲的独行者。一直以来，寂寞从不被认为是生活艺术的一部分，可是事实上这个误解应该被纠正，享受寂寞确实是生活艺术的一部分。

所以，聪明的独行者不仅是一个愉快，也是一个友善的族群。他成功地将别人的同情扭转为羡慕。一个看待寂寞的新角度，让他可以快活、淡定地面对世界。

众所周知，价值观如时尚风气及道德理念都会随着时代而改变，例如爱国与责任感和过去的意义已有程度上的差别，自信有了不同的解读，公平也有了新的诠释。以前的人不会特地去游泳、登山，或是去沙漠观光，毕竟以前到沙漠就代表被放逐了，现在则是代表了快乐假期、海滩度假的全民运动，全球普及的休闲工业。

因此，现在正是赋予"寂寞"一个全新诠释的时候了。

留点时间给自己

人们害怕寂寞，就像害怕海底深处及冰冷的峰顶一样。其实，只要大胆一点，再多一点冒险精神，寂寞也能带来乐趣。当然，并不需要立即引发集体歇斯底里的情绪，这可不是我们这种有品位的独行者所乐见的。

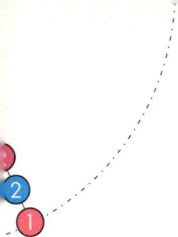

有一种人，会把握机会让自己一个人，并且拥有属于自己的寂寞岛屿，这就足以颁给他"生活智慧"的荣誉博士学位。他知道如何让自己舒适自在，如何得到心灵平静、自信和自由。一旦将内在世界准备充实，便是取之不尽，用之不竭的宝藏。

所以，亲爱的朋友，和你的寂寞说话，将它从阴暗的角落拉出；挑战它，不论你是用拳击或对话的方式都行。然后，寂寞就会成为一个非常有趣的朋友，为你带来奖励及惊喜，而且让你更有魅力与自信。

我总是尽可能找时间独处，寂寞一阵子后，我会觉得惬意、快活。但是我必须警告你：这中间存在着一点小矛盾。满足的独行者愈懂得掌握独处，他的幸福感愈大，不过，他的独处乐趣可能变少。这虽然恼人，却也无可奈何。因为当你让全世界知道你喜欢独处时，便会有愈来愈多人来拜访你（其实，我好想用"袭击"这个词）。

亲爱的，未来你可要分身有术了，妥善安排生活中的社交、喜好、友谊及爱，最重要的是，留点时间给自己。

NO
B

让我们认识寂寞的面

一个人

＝寂寞

＝孤单

＝绝望

＝糟糕

＝悲惨

＝所有你能想到的负面形容词

还能更惨一点吗？

NO，让我们认识寂寞的B面。

他们是名家，他们都曾寂寞过

要真正的注视，必须一个人走路。一个人走路，才是你和风景之间的单独私会。

——龙应台

可见似锦繁华的夜，处处有寂寞的信徒。

——柴静

在这人世间，有些路是非要单独一个人去面对，单独一个人去跋涉的，路再长再远，夜再黑再暗，也得独自默默地走下去。

——席慕蓉

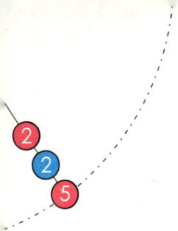

他们是名家，他们都曾寂寞过

对于有"自我"的人来说，独处是人生中最美好的时刻和最美好的体验，虽则有些寂寞，寂寞中却又有一种充实。独处是灵魂生长的必要空间。独自沉思的时候，我们从别人和事务中抽身出来，回到了自己，这时候我们面对自己和上帝，开始了自己与心灵以及与宇宙中神秘力量的对话。

——周国平

我的心分外地寂寞。然而我的心很平安：没有爱憎，没有哀乐，也没有颜色和声音。

——鲁迅

我们都是寂寞惯了的人。

——张爱玲

他们是名家，他们都曾寂寞过

生命中曾经有过的所有灿烂，原来终究，都需要用寂寞来偿还。

——马尔克斯

我听见回声，来自山谷和心间。以寂寞的镰刀收割空旷的灵魂，不断地重复决绝，又重复幸福。

终有绿洲摇曳在沙漠

我相信自己

生来如同璀璨的夏日之花 不凋不败，

妖冶如火 承受心跳的负荷和呼吸的累赘

乐此不疲

——泰戈尔

人生寂寞是一种力量。经得起寂寞，就能获得自由；耐不住寂寞，可能会受人牵制。人可以在社会中学习，然而，灵感却只有在孤独的时候，才会涌现出来。

——歌德

他们是名家，他们都曾寂寞过

于是，你领悟到，有些事情是不能告诉别人的，有些事情是不必告诉别人的，有些事情是根本没有办法告诉别人的，而且有些事情是：即使告诉了别人，你也会马上后悔的。所以，假使你够聪明，那么，最后的办法就是静下来，啃啮自己的寂寞。或者反过来说，让寂寞吞噬你。

——罗曼·罗兰

但你们不安于思想的表达时，你们便开始说话；当你们再也无法居住于心灵的寂寞时，你们将移居于唇舌间，而声音则成为一种消遣。

——纪伯伦

大致说来，一个人只能与自己达致最完美的和谐，而不是与朋友或者配偶，因为人与人之间在个性和脾气方面的差异肯定会带来某些不相协调，哪怕这些不协调只是相当轻微。因此，完全、真正的内心平和和感觉宁静——这是在这尘世间仅次于健康的至高无上的恩物——也只有在一个人孤身独处的时候才可觅到。

——叔本华

我们是凡人，

也喜欢这样寂寞时光，

一切都刚刚好　一个人，一本书，一杯茶，一帘梦。有时候，寂寞是这样叫人心动，也只有此刻，世事才会如此波澜不惊。

——**白落梅** / 女·作家

一个人的寂寞也是一个人的幸福。一个人打开喜欢的音乐，静静地躺在床上，闭目养神。此时此刻，只有自己。

——**李蕾** / 女·外企白领

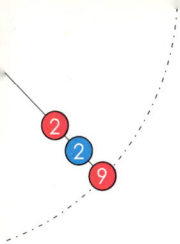

我们是凡人，

也喜欢这样寂寞时光，

一切都刚刚好

有时候我们选择寂寞是为了追求自我价值与自我实现，追求心灵的宁静与淡泊，这种生活状态与心理体验是那些喜欢热闹的人无法体验的。

——陈洪飞／男·设计师

社交让生活变得丰富，独处让一个人找到自我。独处不是目的，而是一种认清自我的方式。关键还在于处理好社交与独处的关系。

——涤恒／潜伏在豆瓣的豆子

我们是凡人，

也喜欢这样寂寞时光，

一切都刚刚好　有人说，

独处也是一种能力，

具备这种能力并不意味着不再感到寂寞，

而在于安于寂寞并使之具有生产力。

——非书 / 女·自由职业者

有时候，寂寞是这样叫人心动，也只有此

刻，世事才会如此波澜不惊。我非常喜欢

这句话。

——阿俊 / 男·私营企业业主

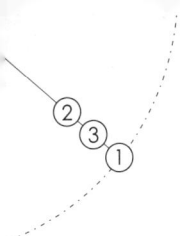

我们是凡人，

也喜欢这样寂寞时光，

一切都刚刚好

有人说，喜欢看窗外的女人是寂寞的，的确，一个人坐在屋里看窗外人来人往车水马龙，是显得自己孤独了些。不过我始终觉得，窗里窗外，都有着不同的风景。即便真的是寂寞，也有着寂寞之美。

——**胡姐**／女·全职太太

在这里写下，寂寞带给你的

喜悦

在这里写下，寂寞带给你的

成功

在这里写下，寂寞带给你的

幸福

在这里写下，寂寞带给你的

享受

在这里写下，你最愿意 **享 受 寂 寞** 的时刻

在这里写下，寂寞的时光里你 最 喜 欢 做 的 事